INDUSTRIAL SAFETY MANAGEMENT

산업안전관리

김민환 저

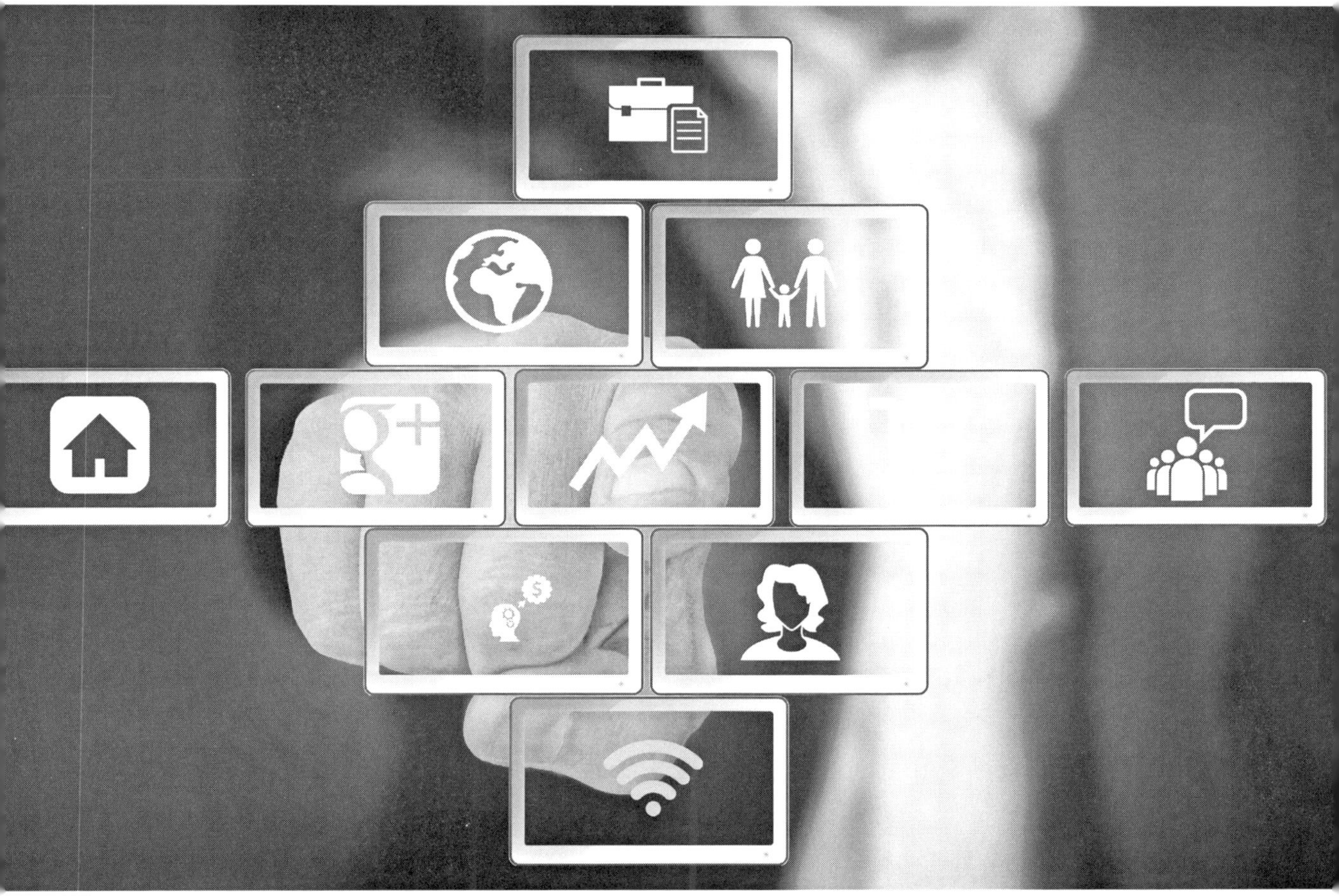

지우북스

INDUSTRIAL SAFTY MANAGEMENT

PREFACE

"대한민국은 사고(산업재해) 공화국이다"라는 말이 매일 쏟아지고 있다. OO백화점 무너짐(붕괴), 세월호 침몰, OO화재, OO교량 무너짐 등과 더불어 하수도 맨홀에서 떨어짐(추락), 또는 뚜껑 폭발, 타워크래인 무너짐, 건설 현장에서 떨어짐, 지하철 스크린 사건 등 사고가 매일 도처에서 발생되고 있다. 고용노동부의 2017년 산업재해 발생현황에 따르면 산업재해 사망자수가 1,957명으로 전년보다 180명 증가하였다. 이로 인한 사망(사고, 질병 포함) 만인율(근로자 10,000명당 발생하는 사망자수의 비율)이 1.05%로 전년도보다 0.96%이 증가하였다. 다행히 재해자수는 89,848명으로 전년도보다 808명이 감소하였으나 여전히 많은 수이다.

정부는 산업재해 예방을 위해 많은 예산을 편성하여 안전 교육과 관리 감독을 확대해가고 있으나 매일 사고 소식은 끊이지 않는다. 산업재해를 예방하기 위해 관리자의 책임을 명시하고 처벌을 강화하고 있으나 실질적으로 개선되지 않고 있는 이유가 무엇인지를 파악해야 한다. 사업장에서 교육은 충실한가? 산업재해가 발생할 때만 호들갑인가? 산업재해를 예방하기 위한 근본적인 방안이 필요한 시점이다.

선진국으로 진입하기 위해 국민의 삶이 개선되어야 한다. 즉, 소득 향상도 중요하지만 산업재해가 없는 건강한 사회가 조성되어야 한다. 건강한 사회를 위해 산업안전 교육이 학교(유치원 포함)에서부터 이루어져야 한다. 어릴적부터 자전거를 탈 때 안전모를 착용하는 것부터 시작해야한다. 놀이터에서부터 안전이 몸에 익혀져야 한다. 일상생활에서부터 학교 과정에 이르기까지 안전교육이 이루어져야 한다. 또한 공과대학에서 산업안전에 관한 교과목을 편성해야 하지만 활성화되어 있지 않다.

2017년 산업재해 발생현황에 따르면 업종별로 구분할 때 건설업이 사망 579명(29.6%)으로 가장 많이 발생하였으며, 특히, 5~49인 건설사업장(236명)에서 가장 많이 발생하였다. 다행히 재해자 수는 전년도보다 다소 감소(3.5%)하여 25,640명이지만 타 업종과 비교할 때 가장 많은 수이다. 이런 현실을 고려할 때 건설관련 학과에서 산업안전 관련 과목의 중요성을 강조해도 지나치지 않다. 본 교재에서는 1장 안전보건관리 개요, 2장 재해 조사와 예방, 3장 안전 점검, 진단, 검사, 4장 무재해 운동 방법을 기술하였으며 5장에서는 보호구와 안전표지에 대한 내용을 기술하였다. 이들은 산업안전보건법을 기초로 작성되었다. 6장에서는 산업안전보건법, 시행령, 시행규칙에 대해 중요한 내용 등을 간단하게 다루었으며 건설분야에 필요한 건설기술진흥법과 시행령, 그리고 시설물의 안전관리에 관한 특별법과 그 시행령에 대해 간단하게 기술하였다. 부록에는 고용노동부와 안전보건공단에서 산업재해 예방 교육을 위한 제시된 몇 가지 자료를 수록하였다. 산업안전보건에 필요한 자료에 대한 상세한 내용에 대해서는 안전보건공단 사이트를 이용하기 바란다.

이 교재의 출판에 도움을 주신 지우북스 서철종 대표께 감사드립니다. 이 교재가 대한민국의 건설현장에서 산업재해 예방을 위해 다소 기여할 것으로 기대하면서 고용노동부와 안전보건공단의 슬로건인 "조심 조심 코리아"를 외쳐본다.

황룡강을 바라보면서

저자 씀

INDUSTRIAL SAFTY MANAGEMENT

CONTENTS

CHAPTER **01** 산업안전보건의 개요

SECTION 1.1 | **안전관리** ··· 12
1.1.1 안전 제일 ··· 12
1.1.2 안전과 생산 ··· 12
SECTION 1.2 | **안전의 가치** ··· 16
1.2.1 안전관리와 도미노 이론 ··· 16
1.2.2 안전관리의 새로운 이론 ··· 18
1.2.3 재해발생의 메커니즘(Mechanism) ··· 19
1.2.4 재해구성 비율 ··· 20
SECTION 1.3 | **제조물 책임법** ··· 22
1.3.1 제조물 책임의 개념 ··· 22
1.3.2 제조물 책임의 대책 ··· 23
SECTION 1.4 | **안전보건관리 체제 및 운용** ··· 24
1.4.1 안전관리 ··· 24
1.4.2 안전관리 조직과 역할 ··· 24
1.4.3 안전관리 조직의 형태 ··· 28
1.4.4 산업안전보건위원회의 체계 ··· 30
1.4.5 산업안전보건위원회 운영 ··· 32
1.4.6 안전보건경영 체계 ··· 33
1.4.7 안전보건관리 ··· 33

CHAPTER 02 재해 조사와 예방

SECTION 2.1 | 재해 조사 ········ 39

SECTION 2.2 | 상해의 형태와 종류 ········ 42

SECTION 2.3 | 직접적인 원인 ········ 43

SECTION 2.4 | 간접적인 원인 ········ 45

SECTION 2.5 | 가해물질에 의한 원인 ········ 46

SECTION 2.6 | 산업재해 조사표 작성 ········ 48

- 2.6.1 산업재해 구분 ········ 50
- 2.6.2 ILO에 의한 재해 구분 ········ 51

SECTION 2.7 | 재해예방 ········ 53

SECTION 2.8 | 재해 통계와 재해 비용 ········ 55

- 2.8.1 재해 통계의 활용 ········ 55
- 2.8.2 사고원인 분석방법 ········ 56
- 2.8.3 재해 통계 ········ 58
- 2.8.4 재해율 ········ 61
- 2.8.5 재해 손실비용 ········ 66

CHAPTER 03 안전 점검 · 진단 · 검사

SECTION 3.1 | 안전 점검 ········ 75

SECTION 3.2 | 안전 진단 ········ 78

SECTION 3.3 | 안전 검사와 인증 ········ 81

CHAPTER 04 무재해 운동

SECTION 4.1 | 재해 운동의 정의와 목적 ···· 89

SECTION 4.2 | 무재해 운동의 3원칙 ···· 90

SECTION 4.3 | 무재해 운동의 3요소 ···· 91

SECTION 4.4 | 무재해 운동의 성과 ···· 92

SECTION 4.5 | 무재해 운동의 실천 방법 ···· 93

CHAPTER 05 보호구와 안전표지

SECTION 5.1 | 보호구 ···· 101

SECTION 5.2 | 보호구의 종류 및 특징 ···· 105

SECTION 5.3 | 안전보건표지 ···· 128

5.3.1 안전보건표지 종류 ···· 128

5.3.2 안전보건표지 기준 ···· 134

CHAPTER 06 산업안전보건법규

SECTION 6.1 | 산업안전보건법 ···· 139

6.1.1 주요 용어 정의 ···· 140

6.1.2 책무와 의무 사항 ···· 140

6.1.3 안전보건관리 체제와 규정 ···· 142

6.1.4 유해 · 위험 예방 조치 ···· 143

6.1.5 기타 사항 ···· 146

SECTION 6.2 | 산업안전보건법 시행령 ···· 148

SECTION 6.3 | 산업안전보건법 시행규칙 ···· 152

6.3.1 산업재해 발생 기록과 보고 ···· 152

6.3.2 안전 · 보건표지 ···· 153

6.3.3 안전 · 보건관리 체제 ···· 154

6.3.4 도급사업의 안전 · 보건 ………… 155
6.3.5 기계 · 기구의 방호조치 및 방호장치 ………… 158
6.3.6 건강진단 ………… 158
6.3.7 유해 · 위험방지 계획서 ………… 160
6.3.8 작업환경의 측정 ………… 161
6.3.9 안전인증 ………… 163
6.3.10 자율안전 ………… 164

SECTION 6.4 | 건설기술진흥법 ………… 165

6.4.1 건설사고조사위원회의 구성 ………… 166
6.4.2 안전관리계획 수립 ………… 166

SECTION 6.5 | 시설물의 안전 및 유지관리에 관한 특별법 (약칭 시설물안전법) ………… 167

6.5.1 시설물안전에 관한 용어 ………… 167
6.5.2 시설물의 안전 및 유지관리 기본계획 ………… 169
6.5.3 시설물의 종류 ………… 169
6.5.4 안전점검, 정밀안전진단, 긴급안전점검 ………… 170
6.5.6 재난예방을 위한 안전조치 ………… 172
6.5.7 시설물의 유지관리 ………… 174

CHAPTER 07 부록

부록 1 | 작업 시작전 10분 안전보건교육 콘텐츠 활용법 ………… 179
부록 2 | 안전보건자료 활용가이드 ………… 180
부록 3 | 건설현장 사망사고 다발 7대 작업안전 ………… 192
부록 4 | 시설물 유지관리업무 주요 재해사례 및 안전작업방법 I ………… 206
부록 5 | 시설물 유지관리업무 주요 재해사례 및 안전작업방법 II ………… 208
부록 6 | 불량비계 추방 ………… 210
부록 7 | 지자체 발주공사, 이것만은 반드시 확인! ………… 212
부록 8 | 안전보건관리담당자 업무 체크리스트 ………… 214

찾아보기_215

CHAPTER

01 산업안전보건의 개요

INDUSTRIAL SAFETY MANAGEMENT

CONTENTS

SECTION 1.1 | 안전관리 ······ 12
SECTION 1.2 | 안전의 가치 ······ 16
SECTION 1.3 | 제조물 책임법 ······ 22
SECTION 1.4 | 안전보건관리 체제 및 운용 ······ 24

CHAPTER

01 산업안전보건의 개요

INDUSTRIAL SAFETY MANAGEMENT

산업 고도화로 국가 사이에 경쟁이 치열해지면서 산업안전보건제도가 중요한 의미를 갖고 있다. 이 제도는 인간 존중뿐만 아니라 기업 경영 차원에서도 고려되어야 한다. 근로자가 일하고 있는 사업장에는 산업재해를 예방하고 쾌적한 작업환경을 조성해야 한다. 그러므로 근로자의 생명과 신체의 안전을 도모하고 질병을 예방하며 건강을 유지 · 증진시키기 위한 근로자 보호제도가 필요하다. 이를 위해 산업안전보건제도를 제정하여 실시하고 있다.

산업안전보건법은 산업안전 · 보건에 관한 기준을 확립하고 그 책임의 소재를 명확하게 하여 산업재해를 예방하고 쾌적한 작업환경을 조성함으로써 근로자의 안전과 보건을 유지 · 증진함을 목적으로 한다.

산업안전보건법에서 사용되는 용어에 대한 정의를 살펴보면 다음과 같다.

- '산업재해'란 근로자가 업무에 관계되는 건설물 · 설비 · 원재료 · 가스 · 증기 · 분진 등에 의하거나 작업 또는 그 밖의 업무로 인하여 사망 또는 부상하거나 질병에 걸리는 것을 말한다.
- 근로자란 근로기준법에서 정한 기준을 말한다. 근로기준법에서 근로자란 직업의 종류와 관계없이 임금을 목적으로 사업이나 사업장에 근로를 제공하는 자를 말한다.
- 사업주란 근로자를 사용하여 사업을 하는 자를 말한다.
- 근로자대표란 근로자의 과반수로 조직된 노동조합이 있는 경우에는 그 노동조합을, 근로자의 과반수로 조직된 노동조합이 없는 경우에는 근로자의 과반수를 대표하는 자를 말한다.
- 작업환경측정이란 작업환경 실태를 파악하기 위하여 해당 근로자 또는 작업장에 대하여 사업주가 측정계획을 수립한 후 시료(試料)를 채취하고 분석 · 평가하는 것을 말한다.
- 안전 · 보건진단이란 산업재해를 예방하기 위하여 잠재적 위험성을 발견하고 그 개선대책을 수립할 목적으로 고용노동부장관이 지정하는 자가 하는 조사 · 평가를 말한다.
- 중대재해란 산업재해 중 사망 등 재해 정도가 심한 것으로서 고용노동부령으로 정하는 재해를 말한다.

1.1 | 안전관리

재해로부터 인간의 생명과 재산을 보호하기 위해 계획적이고 체계적인 제반 활동을 '안전관리(safety management)'라고 한다. 안전관리는 생산성 향상과 재산 손실을 최소화하고 재해의 원인 규명, 재해 예방 대책의 추진 등 계통적인 관리를 통해서 비능률적인 요소인 안전사고가 발생하지 않은 상태를 유지하기 위한 활동을 의미한다.

안전관리의 목적은 (1) 인간 존중, (2) 사회복지 증진, (3) 생산성 향상, (4) 경제성 향상에 둔다.

1.1.1 안전 제일

산업에서 안전을 중요한 항목으로 인식하여 '안전 제일' 주의를 미국의 Gary 회장이 1906년에 제시하였다. Gary 회장은 미국 제철회사를 운영하면서 생산에 앞서서 안전을 제일(safety first)로 생각해야 한다고 하였다. 안전이 제일이라는 생각으로 사고 예방 활동을 전개하였으며 안전 제일이 경영상 유리한 결과를 가져온다는 사실을 알게 하였다. 유럽에서는 생산을 위해 반드시 안전을 함께 고려하여 '안전 생산(safety production)'을 강조하고 있다.

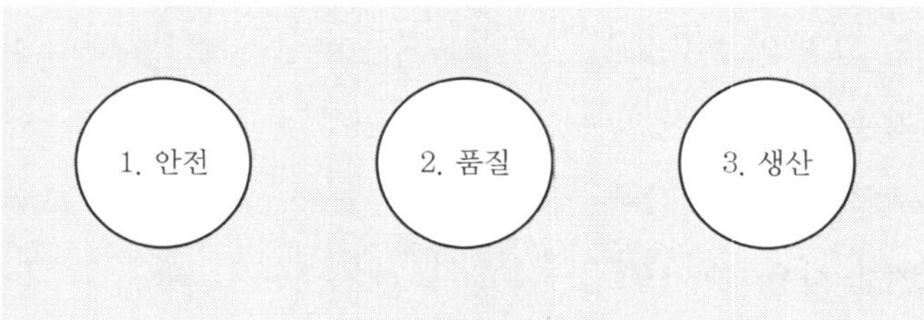

그림 1.1 안전 제일(Gray 회장)

1.1.2 안전과 생산

(1) 안전 교육과 그 기준

Harvey는 안전사고를 방지하고 안전을 도모하기 위하여 안전 교육, 안전 기술, 안전 감독의 행위가 균형을 이루어야 한다고 주장하였다. 이를 3E라하며 그 내용은 다음과 같다.

- 안전 교육(safety Education) : 안전 지식교육 실시, 안전 훈련 실시 등

- 안전 기술(safety Engineering) : 안전 설계, 작업행정의 개선, 환경설비의 개선, 점검 보존의 확립, 안전기준의 설정 등
- 안전 감독(관리)(safety Enforcement) : 안전 조직의 정비 및 적정 인원의 배치, 기준과 수칙의 준수, 작업 공정의 개선 등

(2) 산업재해발생의 위험요인

산업재해발생의 기본 원인은 사람(Man), 기계(설비, Machine), 사고발생 과정(Media), 관리(Management)이며 이를 4M이라고 한다. 안점점검을 위해 필요한 시스템이다. 4M의 위험 요인을 분류하면 표 1.1과 같다.

표 1.1 산업재해발생의 기본 원인과 위험 요인

구 분	위험 요인
사람	재해원인이 사람으로 (1) 걱정, 착오 등의 심리적 원인, (2) 피로 등의 생리적 원인, (3) 인간관계, 의사소통의 동료적인 관계
기계(설비)	(1) 기계 · 설비 등의 결함 발생, (2) 위험에 따른 방호시설의 부재, (3) 점검 부족 등이 원인
사고발생 과정	작업공간, 환경적 문제, 작업 정보의 부적절함 등의 원인
관리	관리 조직의 결함, 규정의 부재, 교육 부재 등의 원인

(3) 사고와 상해

사고(accident)란 고의성이 없는 불안전한 행동과 불안전한 상태가 원인이 되어 인명이나 재산상 손실을 초래하는 것을 말한다. 상해(injury)란 인적피해를 초래하는 경우를 뜻하며 아차사고(near accident)란 인적 · 물적 피해가 일체 없는 사고(무인명 상해, 무재산 손실)를 의미한다.

안전사고는 중상해, 경상해, 경미상해로 구분하며 (1) 중상해란 부상으로 인하여 2주 이상의 노동손실을 가져온 상해, (2) 경상해란 부상으로 1일 이상 14일 미만의 노동손실을 가져온 상해, (3) 경미상해란 부상으로 8시간 이하의 휴무 또는 작업에 종사하면서 치료를 받는 상해를 뜻한다.

(안전)사고에는 본질적 4가지 특성이 있다. 그 특성은 (1) 사고는 공간적인 것이 아니라 시간적이라는 사고발생의 시간성, (2) 우연히 발생하는 것처럼 보이는 사고도 알고 보면 분명한 직접적인

원인 등에 의해 발생한다는 우연성 중의 법칙성, (3) 인간 시스템은 복잡하여 필연적인 규칙과 법칙이 있다하더라도 불안전한 행동, 상태, 착오, 부주의 등의 우연성이 사고발생의 원인을 제공한다는 필연성 중의 우연성, (4) 사고는 인간의 안전 의지와 무관하게 돌발적으로 발생하며 시간 경과와 함께 상황을 재현할 수 없다는 사고 재현 불가능성으로 구분할 수 있다.

산업재해란 근로자가 업무에 관계되는 건설물, 설비, 원자재, 가스, 증기, 분진 등에 의해, 그리고 기타 작업업무에 의해 사망 또는 부상하거나 질병이 발생한 경우를 말한다.

위험이란 직접 · 간접적으로 인적, 물적, 환경적 피해를 입히는 원인이 될 수 있는 실제, 또는 잠재적인 상태를 의미한다. 특정한 위험요인이 위험한 상태로 노출되어 특정한 사고로 이어질 수 있으며 사고의 발생빈도와 사고의 강도(중대성)를 알면 위험도를 계산할 수 있다.

$$\text{위험도} = \text{발생빈도} \times \text{발생강도} \quad \cdots\cdots (1.1)$$

(4) 산업재해 용어(KOSHA : 안전보건공단)

- 떨어짐(추락) : 건축물, 구조물, 가설물, 수목, 사다리 등의 높은 장소에서 사람이 인력(중력)에 의하여 떨어지는 것을 말한다.
- 넘어짐(전도 · 전복) : 사람이나 물체가 평면, 경사면, 층계 등에서 구르는 것, 넘어지는 것, 미끄러지는 것 등을 말한다.
- 부딪힘(충돌 · 접촉) : 재해자 자신의 움직임(동작)으로 기인물에 접촉, 또는 부딪히거나, 물체가 고정부에서 이탈하지 않은 상태로 움직임(규칙, 불규칙) 등에 의해 접촉 · 충돌한 경우를 말한다.
- 물체에 맞음(낙하 · 비래) : 구조물, 기계 등에 고정되어 있던 물체가 중력, 원심력, 관성력 등에 의하여 고정부에서 이탈하거나 또는 설비 등으로부터 물질이 분출되어 사람을 가해하는 경우를 말한다.
- 끼임(협착) · 감김 : 두 물체의 움직임 사이에서 일어난 것으로 왕복물체 사이의 끼임, 회전부와 고정체 사이의 끼임, 롤러 등 회전체 및 물림점 부위에 물리거나 회전돌기부 등에 감긴 경우를 말한다.
- 무너짐(붕괴 · 도괴) : 토사, 적재물, 구조물, 건축물, 가설물 등이 무너짐으로써 적재물 및 낙

반 등에 의해 매몰, 충돌, 협착되는 경우, 적재물이 경사면으로 일괄적으로 무너져 내리면서 가해하는 경우를 말한다.

- 압박 · 진동 : 재해자가 물체의 취급과정에서 신체 특정부위에 과도한 힘이 편중 · 집중되어 눌려진 경우나 마찰 접촉 또는 진동 등으로 신체에 부담을 주는 경우를 말한다.
- 신체 반작용 : 물체의 취급과 관련 없이 일시적이고 급격한 행위 동작, 균형 상실에 따른 반사적 행위 또는 놀람, 정신적 충격, 스트레스 등을 말한다.
- 부자연스런 자세 : 물체의 취급과 관련 없이 작업환경 또는 설비의 부적절한 설계 또는 배치로 작업자가 특정한 자세 동작을 장시간 취하여 신체의 일부에 부담을 주는 경우를 말한다.
- 과도한 힘 · 동작 : 물체의 취급에 관련하여 근육의 힘을 많이 사용하는 경우로서 밀기, 당기기, 지탱하기, 들어 올리기, 돌리기, 잡기, 운반하기 등과 같은 행위동작을 말한다.
- 반복적 동작 : 물체의 취급에 관련하여 근육의 힘을 많이 사용하지 않는 경우로서 지속적 또는 반복적인 업무 수행으로 신체의 일부에 부담을 주는 행위동작을 말한다.
- 이상온도 노출 · 접촉 : 고 · 저온 환경 또는 물체에 노출 · 접촉된 경우를 말한다.
- 유해 · 위험 물질에 노출 · 접촉 : 유해 · 위험 물질에 노출 · 접촉 또는 흡입하였거나 독성물질에 쏘이거나 물린 경우를 말한다.
- 소음 · 노출 : 폭발물을 제외한 일시적 · 장기적인 소음에 노출된 경우를 말한다.
- 유해광선 노출 : 전리 또는 비전리 방사선에 노출된 경우를 말한다.

> **[TIP] 전리**
> 방사선이 물질을 통과할 때 직접 또는 간접으로 물질을 이온화시키는 것으로 X－선, α－선, β－선, γ－선, 전자선 등은 이온화 능력이 있기 때문에 전리 방사선이라고 부른다. 또한 단순히 방사선이라고 할 때는 보통은 전리 방사선을 말한다. 이것에 비해 자외선이나 가시광선은 전리 능력이 전혀 없다고는 할 수 없지만 약하기 때문에 보통은 비전리 방사선이라고 부른다.

- 산소 결핍 · 질식 : 유해물질과 관련 없이 산소가 부족한 환경에 노출되었거나 이물질 등에 기도가 막혀서 호흡 기능이 불충분한 경우를 말한다.
- 화재 : 가연물에 점화원이 가해져 비의도적으로 불이 일어난 경우를 말하며, 방화는 의도적이기는 하나 관리할 수 없으므로 화재에 포함시킨다.
- 폭발 : 건축물, 용기 내 또는 대기 중에서 물질의 화학적, 물리적 변화가 급격히 진행되어 열, 폭음, 폭발압이 동반하여 발생하는 경우를 말한다.

- 전류 접촉 : 전류설비 충전부 등에 신체의 일부가 직접 접촉하거나 유도 전류의 통전으로 근육의 수축, 호흡곤란, 심실세동 등이 발생한 경우, 또는 특별고압 등에 접근함에 따라 발생한 섬락, 접촉, 합선 · 혼촉 등으로 발생한 아아크에 접촉된 경우를 말한다.
- 폭력 행위 : 의도적인 또는 의도가 불분명한 위험행위(마약, 정신질환 등)로 자신 또는 타인에게 상해를 입힌 폭력, 폭행을 말하며 협박 언어, 성폭력 및 동물에 의한 상해 등도 포함된다.

1.2 | 안전의 가치

안전관리란 인간존중의 이념을 바탕으로 사고를 예방하여 근로자의 의욕을 북돋게 함으로서 생산능력을 증대시킨다. 효율적인 안전은 현장에서 근로자가 안전한 작업을 행하여 자신을 보호(인간존중)하고 생산성을 증대(품질 향상, 경제성 향상)시키고 기업의 손실을 최소화(재해로 인한 재산과 인적 손실 예방)하여 경제발전에 기여한다. 안전관리를 통해서 얻을 수 있는 효과는 (1) 근로자의 사기 진작 (2) 생산성 향상 (3) 신뢰성 유지 및 확보 (4) 비용 절감 (5) 이윤 증대이다.

1.2.1 안전관리와 도미노 이론

안전관리를 통해서 생산성 향상과 재해로부터 손실을 최소화할 수 있다. 안전사고를 방지할 수 있는 상태를 유지하여 인간의 생명과 재산을 보호하기 위한 제반활동에 의해 안전의 가치를 향상시킬 수 있다.

하인리히(H.W. Heinrich)는 사고방지를 위해 과학과 기술의 시스템을 안전에 도입하였다. 사고방지를 위해 물리적 환경, 인간과 기계의 관계를 통제할 수 있는 과학과 기술을 도입하여 안전을 도모하였다. 하인리히의 도미노(Domino) 이론 5단계에 따르면 사고발생은 선행요인에 의해 발생하며 이들 요인이 겹쳐서 연쇄적으로 발생하는 것으로 제시하였다. 도미노 이론 5단계는 다음과 같다.

1단계 : 사회적(작업) 환경과 유전적인 요소(선천적 결함)에 의한 실수

2단계 : 개인적 결함(성격결함, 개성결함)

3단계 : 불안전한 행동과 불안전한 기계 상태(핵심 단계)

4단계 : 사고

5단계 : 상해 또는 재해

도미노 이론이란 사고의 원인이 어떻게 연쇄적 반응을 일으키는가를 도미노를 통해서 설명하는 것이다. 즉, 5개의 도미노를 일렬로 세워 놓고 어느 한 쪽 끝을 쓰러뜨리면 연쇄적으로, 그리고 순서적으로 쓰러진다는 것이다. 이 과정을 그림 1.2에 나타냈으며 앞에서 언급한 도미노 5단계이다.

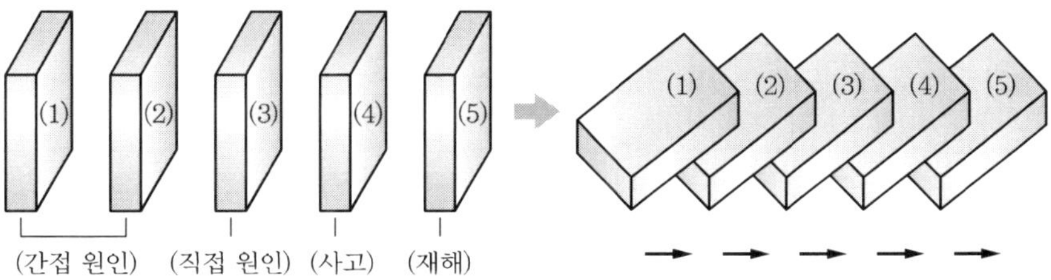

그림 1.2 노미노 이론 5단계

이러한 도미노 이론은 도미노 하나가 연쇄적으로 넘어지려고 할 때, 그림 1.3과 같이 제 3의 요인인 불안전한 행동이나 불안전한 상태를 제거하면 연쇄성이 중단된다는 것이다. 따라서 재해나 상해가 발생하기 이전에 작업 주위의 불안전한 상태나 인간의 불안전한 행동 요소를 제거하면 예방할 수 있다는 것이다. 이처럼 하인리히는 3단계인 핵심적인 요인을 제거해야 한다는 것을 강조하였다. 하인리히는 사고원인을 3가지로 구분하여 분류하였으며 그 내용은 표 1.2와 같다.

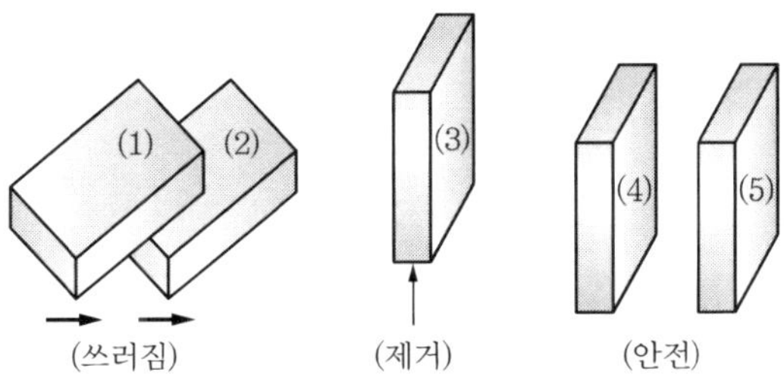

불안전한 행동 및 상태의 제거

그림 1.3 사고예방 방법

표 1.2 하인리히의 사고원인 분류

사고원인	내 용
직접적인 원인	직접 사고를 발생시키는 불안전한 행동이나 불안전한 상태
간접적인 원인	불안전한 행동을 발생시키는 이유 • 부적절한 태도 • 지식 또는 기능의 결여 • 부적절한 기계적, 물리적 환경
기초적인 원인	습관적, 사회적, 유전적, 관리 감독 특성

예제 세월호 사건을 도미노 이론 5단계로 구분하여라.

1단계	승객의 안전보다 이윤추구를 우선하는 업계 분위기	간접적인 원인
2단계	승객은 어떻게 되든 나만 살면 된다는 이기적 생각 조타기를 맡은 3등 항해사의 경험부족	
3단계	승객을 버리고 도주한 선장과 선원들의 행동 무리한 증축과 과적으로 수평유지가 불가능한 불안한 선박	직접적인 원인
4단계	진도 앞바다에서 침몰(2014년 4월 16일)	사고
5단계	상해 및 사망(승객 476명 중 304명 사망 및 실종)	재해

1.2.2 안전관리의 새로운 이론

도미노 이론은 새로운 학자들에 의해 수정되고 새로운 이론을 통해서 안전의 가치를 향상시키는 이론을 제시하였으며 그 내용을 간단하게 요약하면 다음과 같다.

(1) Fank Bird의 신도미노 이론

1단계 : 통제(관리, 경영) 부족

2단계 : 기본 원인(기원, 원이론)

3단계 : 직접 원인(징후) →핵심 단계

4단계 : 사고(접촉)

5단계 : 상해(손해, 손실)

(2) 자베타키스(Zebetakis)의 연쇄성 이론

1단계 : 개인과 환경(안전 정책과 결정)

2단계 : 불안전한 행동과 불안전한 상태

3단계 : 물질에너지의 기준 이탈

4단계 : 사고

5단계 : 구호

(3) 아담스(Adams)의 연쇄성 이론

1단계 : 관리구조

2단계 : 작전적(전략적) 실수(error)

3단계 : 전술적(불안전한 행동 또는 조작) 실수

4단계 : 사고(물적 사고)

5단계 : 상해 또는 손실

(4) 웨버(Weaver)의 연쇄성 이론

1단계 : 유전과 환경

2단계 : 인간의 결함

3단계 : 불안전한 행동과 불안전한 상태

4단계 : 사고

5단계 : 상해

1.2.3 재해발생의 메커니즘(Mechanism)

산업재해 발생 원인은 여러 가지가 복잡하게 얽혀 일어나는데 그 발생 형태는 단순 자극형, 연쇄형, 복합형으로 구분할 수 있으며 이 관계를 그림 1.4에 제시하였다.

(1) 단순 자극형(집중형)은 상호자극에 의하여 순간적으로 재해가 발생하는 유형이다.

(2) 연쇄형은 하나의 사고 요인이 또 다른 사고 요인을 발생시키면서 재해를 발생시키는 유형으로 단순 연쇄형과 복합 연쇄형으로 구분할 수 있다.

(3) 복합형은 단순 자극형과 연쇄형이 복합되어 나타난 유형이다.

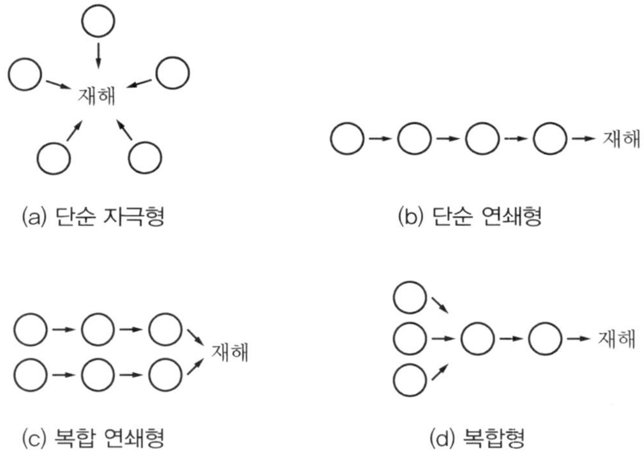

그림 1.4 재해발생 형태

1.2.4 재해구성 비율

(1) 하인리히 법칙

'대형사고가 발생하기 전에 그와 관련된 수많은 경미한 사고와 징후들이 반드시 존재한다'는 원칙을 말한다. 1931년 하인리히(Herbert William Heinrich)가 펴낸 '산업재해 예방'이라는 책에서 소개된 법칙이다. 당시 하인리히는 미국의 트래블러스 보험사라는 회사의 엔지니어링 및 손실통제 부서에 근무하고 있었다. 업무 성격상 수많은 사고 통계를 접했던 그는 산업재해 사례 분석을 통해 하나의 통계적 법칙을 발견하였다. 산업재해가 발생하여 중상자가 1명 나오면 그 전에 같은 원인으로 발생한 경상자가 29명, 같은 원인으로 부상을 당할 뻔한 잠재적 부상자가 300명 있었다는 사실이었다. 즉, 큰 재해, 작은 재해, 사소한 사고의 발생 비율이 1 : 29 : 300이라는 것이다. 큰 사고는 우연히 또는 어느 순간 갑작스럽게 발생하는 것이 아니다. 그 이전에 반드시 경미한 사고들이 반복되는 과정 속에서 발생한다는 것을 실증적으로 밝혔다. 즉, 큰 사고가 일어나기 전 일정 기간 동안 여러 번의 경고성 징후와 전조들이 있다는 사실을 입증하였다. 큰 재해는 항상 사소한 것들을 방치할 때 발생한다는 것이다. 사소한 문제가 발생하였을 때 이를 면밀히 살펴 그 원인을 파악하고 잘못된 점을 시정하면 대형사고나 실패를 방지할 수 있다. 그러나 징후가 있음에도 이를 무시하고 방치하면 돌이킬 수 없는 대형사고로 번질 수 있다는 것을 경고한다. 하인리히 법칙은 노동현장에서의 재해뿐만 아니라 각종 사고나 재난, 또는 사회적 · 경제적 · 개인적 위기나 실패와 관련된 법칙으로 확장되어 해석되고 있다.

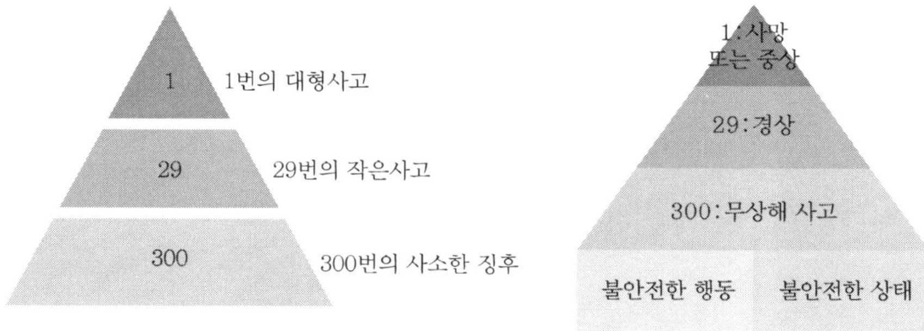

그림 1.5 하인리히 법칙

예제 어떤 사업장에서 경상 사고가 58건 발생하였다. 하인리히 법칙을 적용하여 중상 사고와 무상해 사고 건수를 구하시오.

풀이 중상 : 경상 : 무상해 = 1 : 29 : 300에서 1 : 29 = x : 58, x = 58/29 = 2건,
29 : 300 = 58 : y, y = (300×58)/29 = 600건

문제 세월호 사건을 하인리히 법칙에서 사소한 징후에 해당되는 내용을 조사하여 이야기하여 보자.

(2) 프랭크 버드(Frank Bird) 법칙

하인리히 법칙은 프랭크에 의해 새로운 도미노 이론으로 발전되었다. 이 이론은 버드의 자연 연쇄이론이라고도 부른다. 하인리히 이론에서 직접적인 원인만 제거하면 재해는 일어나지 않는다고 하였으나 최신 도미노 이론에서는 반드시 기본적인 원인을 제거하라고 한다. 버드는 17만 5천 건의 사고를 분석한 결과, 중상(또는 폐질) 1, 경상(물적 또는 인적 상해) 10, 무상해 사고(물적 손실) 30, 무상해 및 무사고 고장(위험 순간) 600의 비율로 사고가 발생한다고 제시하였다. 이를 프랭크 버드 법칙이라 한다.

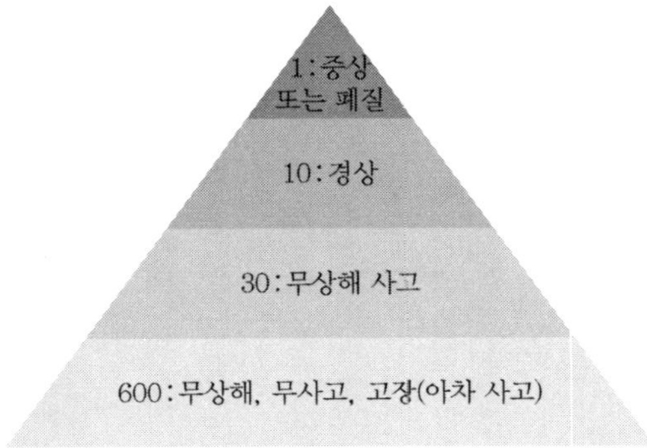

그림 1.6 프랭크 버드 법칙

1.3 | 제조물 책임법

1.3.1 제조물 책임의 개념

제조물 책임(PL, Product Liability)이란 생산, 유통, 판매 등의 일련 과정에 관여한 자가 그 상품의 결함에 의한 손해가 발생했을 때 배상할 의무를 부담하는 것이다. 결함에 의해 생명, 신체, 재산, 기타 권리의 손해가 발생했을 때 최종 소비자나 사용자, 또는 제 3자에 대해 배상할 의무에 대한 부담을 제조자 책임, 공급자 책임이라 한다. 참고로 품질보증은 문제가 있는 제품에 대하여 교환, 또는 수리만을 이행한다.

제조물 책임은 과실 책임, 보증 책임, 불법 행위상의 엄격 책임으로 구분한다. 과실 책임은 제조·가공상의 결함, 설계상의 결함, 사용 표시상의 결함, 상표 사용상의 위험 및 그 위험을 최소한으로 억제하는 방법에 대하여 충분히 경고하지 않은 경우를 말한다.

보증 책임은 명시보증 위반과 묵시보증 위반으로 구분한다. 설명서, 광고 등의 의사 전달 수단에 명시된 사항을 위반하는 것을 명시보증 위반이라 한다. 상품으로 기능을 발휘하지 못하는 경우나 사용 적합성이 없는 경우를 묵시보증 위반이라 한다.

불법 행위상의 엄격 책임은 결함상품의 판매, 손해 발생, 결함 상품의 위해 원인 존재, 결함상품의 손해로 법적 관련성을 갖는 것을 의미한다.

제품 책임을 면하기 위해 경고 표시는 매우 중요하다. 경고 표시의 내용에 대한 적합 유무를 검토하는데 필요한 사항은 다음과 같다.

(1) 위험을 회피하는 방법 등이 명시되었는가?

(2) 위험 정도(위험, 경고, 주의)가 명시되었는가?

(3) 경고 라벨은 가능한 위험장소에 가깝고 눈에 잘 띄는 곳에 부착되었는가?

(4) 경고문의 문자 크기는 안전한 거리에서 확실하게 읽을 수 있도록 제작되었는가?

(5) 경고 라벨은 제품 수명과 동등한 내구성을 가진 재료로 제작하여 부착하였는가?

(6) 위험의 종류(고전압, 인화물질 등)와 경고를 무시할 경우에 초래되는 결과(감전, 사망 등)를 명시하였는가?

제조물 책임법상 경고 표시의 신호 문자는 '위험', '경고', '주의' 3가지로 구분하여 표시한다. 이 때 표시의 색상은 적색, 청색, 황색, 녹색이다.

문제 우리 주변에서 볼 수 있는 제조물 제품에 표시된 경고 표시와 색상에 대해 조사하여 보자.

문제 PL법에 의한 보상 실례를 찾아 발표하여라.

1.3.2 제조물 책임의 대책

제품 책임(PL)의 대책은 제품으로 인하여 발생한 사고전의 방지 대책(PLP : Product Liability Prevention)과 사고후의 방어 대책(PLD : Product Liability Defence)로 구분할 수 있다. 사고 후의 방어 대책에 대해서 사전 대책과 사후 대책으로 구분하였다. 사고가 발생하기 전에 사고가 발생한 것으로 가정하여 사전대책을 수립하도록 제시되었다. 이를 요약하여 표 1.3에 나타냈다.

표 1.3 제품 책임 대책

사고전 방지대책(PLP)		사고후 방어대책(PLD)
사전 대책	사후 대책	이용자 안전
• 책임의 한계 (계약, 보증서, 취급설명서 등) • 손실의 분산(PL 보험 가입) • 응급체제 구축 (정보전달, 책임창구 마련, 교육 등)	• 초동대책 (사실의 파악, 피해자 및 매스컴 대응 등) • 손실확대 방지 (수리, 리콜 등)	• 초동대책(사실의 파악, 피해자 및 매스컴 대응 등) • 손실확대 방지(수리, 리콜 등)

1.4 | 안전보건관리 체제 및 운용

1.4.1 안전관리

기업은 안전관리를 위해 그 조직을 구성하여 운영해야 한다. 조직이 편성되면 조직구성원에게 안전관리 직무를 부여하고 책임을 부과시킬 수 있으며 이를 관리규정으로 정해야 한다. 구성원을 안전조직에 모두 참여시키고 조직의 기능이 충분히 발휘되도록 해야 한다. 또한 각 계층 간에 종적, 횡적, 기능적 유대가 이루어져야 기업의 손실을 근원적으로 방지할 수 있다. 안전관리 조직을 구성하여 안전을 근본적으로 확보하고 안전 활동을 책임있게 수행하여 모든 위험 요소 제거, 위험 제거 기술 향상, 재해 예방을 향상시켜 재해방지를 수행하고 예방비용을 절감해야 한다.

1.4.2 안전관리 조직과 역할

조직의 효율성을 높이기 위해 구성원이 기능을 발휘할 수 있도록 책임과 권한을 부여해야 한다. 각 조직의 역할과 의무는 다음과 같다.

(1) 정부의 책무

① 산업안전 · 보건정책의 수립 · 집행 · 조정 및 통제

② 사업장에 대한 재해 예방 지원 및 지도

③ 유해하거나 위험한 기계 · 기구 · 설비 및 방호장치(防護裝置) · 보호구(保護具) 등의 안전성 평가 및 개선

④ 유해하거나 위험한 기계 · 기구 · 설비 및 물질 등에 대한 안전 · 보건상의 조치기준 작성 및 지도 · 감독

⑤ 사업의 자율적인 안전 · 보건 경영체제 확립을 위한 지원

⑥ 안전 · 보건의식을 북돋우기 위한 홍보 · 교육 및 무재해운동 등 안전문화 추진

⑦ 안전 · 보건을 위한 기술의 연구 · 개발 및 시설의 설치 · 운영

⑧ 산업재해에 관한 조사 및 통계의 유지 · 관리

⑨ 안전 · 보건 관련 단체 등에 대한 지원 및 지도 · 감독

⑩ 그 밖에 근로자의 안전 및 건강의 보호 · 증진

(2) 사업주의 의무

사업주는 근로자의 안전과 건강을 유지 · 증진시키는 한편, 국가의 산업재해 예방시책에 따라야 하며 다음 사항을 이행해야 한다.

① 법에 따른 명령으로 정하는 산업재해 예방을 위한 기준을 지킬 것

② 근로자의 신체적 피로와 정신적 스트레스 등을 줄일 수 있는 쾌적한 작업환경을 조성하고 근로조건을 개선할 것

③ 해당 사업장의 안전 · 보건에 관한 정보를 근로자에게 제공할 것

(3) 근로자의 의무

① 산업재해 예방에 필요한 사항 준수

② 사업주, 근로감독관, 공단 등 관계자가 실시하는 산업재해 방지에 관한 조치 준수

(예 보호구 착용, 위험장소 출입금지, 안전규칙 준수)

(4) 안전보건관리책임자

사업주는 사업장에 안전보건관리책임자(이하 "관리책임자")를 두고 다음의 업무를 총괄 관리하도록 하여야 한다.

① 산업재해 예방계획의 수립에 관한 사항

② 안전보건관리규정의 작성 및 변경에 관한 사항

③ 근로자의 안전 · 보건교육에 관한 사항

④ 작업환경측정 등 작업환경의 점검 및 개선에 관한 사항

⑤ 근로자의 건강진단 등 건강관리에 관한 사항

⑥ 산업재해의 원인 조사 및 재발 방지대책 수립에 관한 사항

⑦ 산업재해에 관한 통계의 기록 및 유지에 관한 사항

⑧ 안전 · 보건과 관련된 안전장치 및 보호구 구입 시의 적격품 여부 확인에 관한 사항

⑨ 그 밖에 근로자의 유해 · 위험 예방조치에 관한 사항으로서 정하는 사항

관리책임자는 안전관리자와 보건관리자를 지휘 · 감독한다. 관리책임자를 두어야 할 사업의 종류 · 규모, 관리책임자의 자격, 그 밖에 필요한 사항은 대통령령으로 정한다.

(5) 관리감독자 업무

사업주는 사업장의 관리감독자(경영조직에서 생산과 관련되는 업무와 그 소속 직원을 직접 지휘 · 감독하는 부서의 장 또는 그 직위를 담당하는 자)로 하여금 직무와 관련된 안전 · 보건에 관한 업무로서 안전 · 보건점검 등의 업무를 수행한다.

① 사업장 내 관리감독자가 지휘 · 감독하는 작업과 관련된 기계 · 기구 또는 설비의 안전 · 보건 점검 및 이상 유무의 확인

② 관리감독자에게 소속된 근로자의 작업복 · 보호구 및 방호장치의 점검과 그 착용 · 사용에 관한 교육 · 지도

③ 해당 작업에서 발생한 산업재해에 관한 보고 및 이에 대한 응급조치

④ 해당 작업의 작업장 정리 · 정돈 및 통로확보에 대한 확인 · 감독

⑤ 해당 사업장의 다음 항목의 어느 하나에 해당하는 사람의 지도 · 조언에 대한 협조

- 산업보건의

- 안전관리자
- 보건관리자
- 안전보건관리담당자

⑥ 위험성평가를 위한 업무에 기인하는 유해 · 위험요인의 파악 및 그 결과에 따른 개선조치의 시행

⑦ 그 밖에 해당 작업의 안전 · 보건에 관한 사항

(6) 안전관리자 업무

① 산업안전보건위원회 또는 안전 · 보건에 관한 노사협의체에서 심의 · 의결한 업무, 사업장의 안전보건관리규정 및 취업규칙에서 정한 업무

② 안전인증대상 기계 · 기구 등과 자율안전확인대상 기계 · 기구 등을 구입 시에 적격품의 선정에 관한 보좌 및 조언 · 지도, 위험성평가에 관한 보좌 및 조언 · 지도

③ 해당 사업장 안전교육계획의 수립 및 안전교육 실시에 관한 보좌 및 조언 · 지도

④ 사업장 순회점검 · 지도 및 조치의 건의

⑤ 산업재해 발생의 원인 조사 · 분석 및 재발 방지를 위한 기술적 보좌 및 조언 · 지도

⑥ 산업재해에 관한 통계의 유지 · 관리 · 분석을 위한 보좌 및 조언 · 지도

⑦ 법 또는 법에 따른 명령으로 정한 안전에 관한 사항의 이행에 관한 보좌 및 조언 · 지도

⑧ 업무수행 내용의 기록 · 유지

⑨ 그 밖에 안전에 관한 사항으로서 고용노동부장관이 정하는 사항

(7) 보건관리자 업무

① 산업안전보건위원회에서 심의 · 의결한 업무와 안전보건관리규정 및 취업규칙에서 정한 업무

② 안전인증대상 기계 · 기구 등과 자율안전확인대상 기계 · 기구 등에서 보건과 관련된 보호구(保護具) 구입 시 적격품 선정에 관한 보좌 및 조언 · 지도

③ 작성된 물질안전보건자료의 게시 또는 비치에 관한 보좌 및 조언 · 지도

④ 위험성평가에 관한 보좌 및 조언 · 지도

⑤ 산업보건의의 직무의 일부

⑥ 해당 사업장 보건교육계획의 수립 및 보건교육 실시에 관한 보좌 및 조언 · 지도

⑦ 해당 사업장의 근로자를 보호하기 위한 의료행위로서 다음 항목

- 외상 등 흔히 볼 수 있는 환자의 치료
- 응급처치가 필요한 사람에 대한 처치
- 부상 · 질병의 악화를 방지하기 위한 처치
- 건강진단 결과 발견된 질병자의 요양 지도 및 관리
- 위의 의료행위에 따르는 의약품의 투여

⑧ 작업장 내에서 사용되는 전체 환기장치 및 국소 배기장치 등에 관한 설비의 점검과 작업 방법의 공학적 개선에 관한 보좌 및 조언 · 지도

⑨ 사업장 순회점검 · 지도 및 조치의 건의

⑩ 산업재해 발생의 원인 조사 · 분석 및 재발 방지를 위한 기술적 보좌 및 조언 · 지도

⑪ 산업재해에 관한 통계의 유지 · 관리 · 분석을 위한 보좌 및 조언 · 지도

⑫ 법 또는 법에 따른 명령으로 정한 보건에 관한 사항의 이행에 관한 보좌 및 조언 · 지도

⑬ 업무수행 내용의 기록 · 유지

⑭ 그 밖에 작업관리 및 작업환경관리에 관한 사항

1.4.3 안전관리 조직의 형태

안전관리 조직을 위해 필요한 사항은 (1) 회사의 특성과 규모에 적합하게 조직되고 (2) 조직의 기능이 충분히 발휘될 수 있는 제도적 체계가 있어야 하며 (3) 조직을 구성하는 관리자의 권한과 책임이 명확하고 (4) 생산 라인과 밀착된 조직이어야 한다.

안전관리의 조직은 Line형, Staff형, Line－Staff형인 3종류가 있다. 조직의 시스템을 그림 1.7에 제시하였고 이들의 장점과 단점을 표 1.4에 수록하였다.

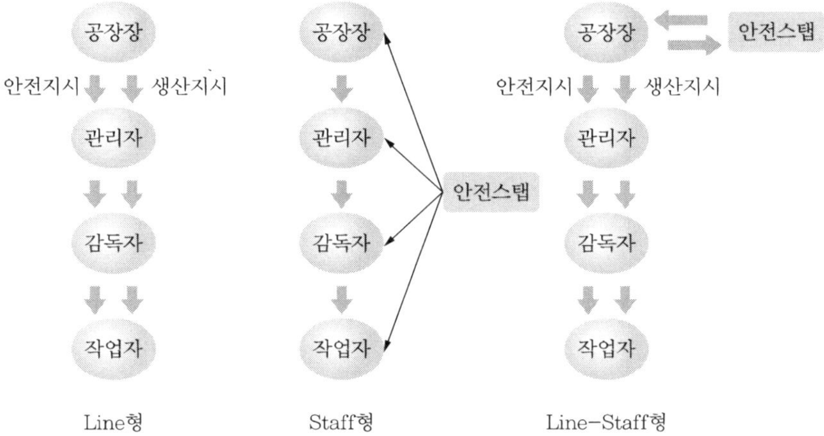

그림 1.7 안전관리 조직의 형태

표 1.4 안전관리 조직의 유형과 특징

유 형	장 점	단 점	비 고
Line형	• 명령과 보고가 상하관계이므로 간단 명료 • 신속 · 정확한 조직 • 안전지시나 개선조치가 철저하고 신속	• 생산업무와 같이 안전대책이 실시되므로 불충분 • 안전 Staff이 없어 내용이 빈약 • Line에 과중한 책임을 지우기 쉬움	• 근로자 100명 이하 사업장에 적합 • 생산과 안전을 동시에 지시
Staff형	• 안전지식과 기술축적이 가능 • 사업장에 적합한 기술개발 또는 개선안을 마련할 수 있음 • 안전정보 수집이 신속 • 경영자의 조언 또는 자문역할 가능	• 안전과 생산을 별개 취급 • 통제 수단이 복잡하고 시간과 노력 소모 • 안전지시, 명령, 보고가 신속 · 정확하지 못함 • 생산은 안전에 대한 책임과 권한이 없음	• 관리 상호간 소통이 원활하도록 해야 안전관리가 잘 이루어짐 • 근로자 100~1000명 정도
Line–Staff형	• 조직원 전원이 자율적으로 안전활동 참여 • 각 Line의 안전 활동을 유기적으로 조정 가능 • 충분한 동기부여 가능 • Line의 관리 · 감독자에게 책임과 권한 부여	• 명령 계통과 조언, 권고적 참여가 혼동되기 쉬움 • Staff의 월권행위 • 라인의 Staff에 의존하거나 활용하지 않음	• Line형과 Saff형의 결점을 상호보완할 수 있는 방식, 대기업에서 활용하고 산업안전보건법상에서 권장 • 근로자 1000명 이상

1.4.4 산업안전보건위원회의 체계

산업안전보건위원회를 구성하여 안전관리 조직 내에 두어야 한다. 안전관리 조직에서 지시 계통과 지도 조언을 그림 1.8에 나타냈다. 산업안전보건위원회를 설치하여 운영해야 할 사업의 종류와 규모를 표 1.5에 수록하였다. 산업안전보건위원회의 위원에 관한 사항을 표 1.6에 수록하였다.

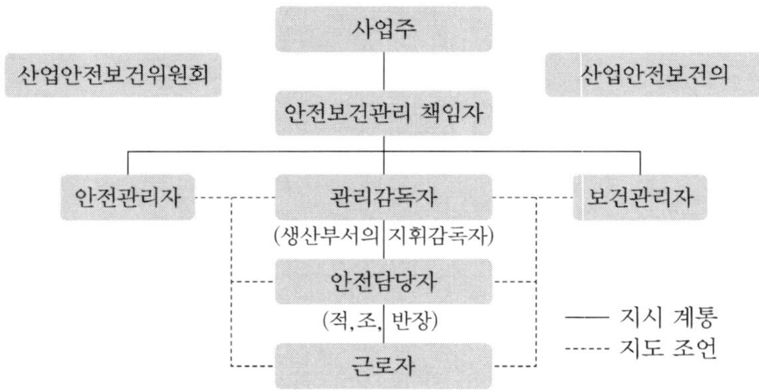

그림 1.8 안전보건관리 조직 체계도

표 1.5 산업안전보건위원회 설치 대상과 규모

사업의 종류	규모
1. 토사석 광업 2. 목재 및 나무제품 제조업 : 가구 제외 3. 화학물질 및 화학제품 제조업 : 의약품 제외 (세제, 화장품 및 광택제 제조업과 화학섬유 제조업은 제외한다) 4. 비금속 광물제품 제조업 5. 1차 금속 제조업 6. 금속가공제품 제조업 : 기계 및 가구 제외 7. 자동차 및 트레일러 제조업 8. 기타 기계 및 장비 제조업(사무용 기계 및 장비 제조업은 제외한다) 9. 기타 운송장비 제조업(전투용 차량 제조업은 제외한다)	상시 근로자 50명 이상
10. 농업 11. 어업 12. 소프트웨어 개발 및 공급업 13. 컴퓨터 프로그래밍, 시스템 통합 및 관리업 14. 정보 서비스업 15. 금융 및 보험업	상시 근로자 300명 이상

16. 임대업 : 부동산 제외 17. 전문, 과학 및 기술 서비스업 (연구개발업은 제외한다) 18. 사업지원 서비스업 19. 사회복지 서비스업	
20. 건설업	공사금액 120억원 이상 (「건설산업기본법 시행령」에 따른 토목공사업에 해당하는 공사의 경우에는 150억원이상)
21. 제1호부터 제20호까지의 사업을 제외한 사업	상시 근로자 100명 이상

표 1.6 산업안전보건위원회 구성

구분	사용자 위원	근로자 위원
산업안전 보건위원회 구성위원 [정기회는 분기마다 실시]	• 해당 사업의 대표자 • 안전관리자 1명 • 보건관리자 1명 • 산업보건의(해당 사업장에 선임되어있는 경우) • 당해 사업의 대표자가 지명하는 9명 이내의 당해 사업장 부서의 장	• 근로자대표 • 근로자대표가 지명하는 1명이상의 명예산업안전감독관 • 근로자대표가 지명하는 9명이내의 당해 사업장의 근로자(명예산업안전감독관이 근로자위원으로 지명되어 있는 경우 그 수를 제외)
건설업의 도급사업에서 안전 · 보건에 관한 노 · 사 협의체로 구성할 경우 [공사금액 120억원(토목공사업은 150억원)이상인 건설업] [정기회는 2개월마다 실시]	• 해당사업의 대표자 • 안전관리자 1명 • 공사금액이 20억원 이상인 도급 또는 하도급 사업의 사업주	• 도급 또는 하도급 사업을 포함한 전체 사업의 근로자 대표 • 근로자대표가 지명하는 명예산업안전감독관 1명, 다만 위촉되어 있지 않은 경우 근로자대표가 지명하는 해당 사업장 근로자 1명 • 공사금액이 20억원 이상인 도급 또는 하도급 사업의 근로자대표

안전보건관리조직에서 구성원을 선임하고 그 자격, 업무에 관한 사항을 표 1.7에 수록하였다.

표 1.7 안전보건관리조직 구성원

<table>
<tr><th>구 분</th><th>선임대상</th><th>자 격</th><th>업 무</th><th>미선임시 벌칙</th></tr>
<tr><td>안전보건관리
책임자</td><td>상시근로자
100인 이상 사업</td><td>총괄관리
가능자</td><td>산재예방활동
총괄관리</td><td rowspan="5">500만원 이하
과태료(산업안
전보건법)</td></tr>
<tr><td>관리감독자</td><td>위험방지가 필요한 작업
38개 유해위험작업</td><td>당해 작업의
관리감독자</td><td>당해 작업의
안전업무 수행</td></tr>
<tr><td>안전관리자</td><td>상시근로자
50인 이상 사업</td><td>산업 · 건설
안전기사 등</td><td>사업주, 책임자에
대해 기술적 보좌</td></tr>
<tr><td>산업보건의</td><td>상시근로자 50인 이상
사업으로서 의사가 아닌
보건관리자를 두는 업소</td><td>의사,
산업의학전문의,
예방의학전문의 등</td><td>근로자 건강관리</td></tr>
<tr><td>보건관리자</td><td>50인 이상 사업장
(전담제)</td><td>의사, 간호사,
산업위생지도사 등</td><td>근로자 건강관리</td></tr>
</table>

1.4.5 산업안전보건위원회 운영

산업안전보건위원회 위원장은 위원 중에서 호선한다. 이 경우 근로자 위원과 사용자 위원 중에서 각 1명을 공동위원장으로 선출할 수 있다.

산업안전보건위원회의 회의는 정기회의와 임시회의로 구분한다. 정기회의는 분기마다 위원장이 소집하며, 임시회의는 위원장이 필요하다고 인정할 때 소집한다. 회의는 근로자 위원과 사용자 위원 각 과반수 출석으로 시작하고 출석위원 과반수 찬성으로 의결한다. 근로자 대표, 명예감독관, 해당 사업의 대표자, 안전관리자 또는 보건관리자가 회의에 출석하지 못할 경우에는 해당 사업에 종사하는 사람 중에서 1명을 지정하여 위원으로서 직무를 대리하게 할 수 있다. 산업안전보건위원회는 회의사항을 기록한 회의록을 작성하여 갖춰 두어야 한다.

의결되지 아니한 사항 등의 처리에 대해서 산업안전보건위원회는 근로자 위원과 사용자 위원회의 합의에 따라 산업안전보건위원회에 중재기구를 두어 해결하거나 제 3자에 의한 중재를 받아야 한다. 또한 의결된 사항의 해석 또는 이행방법 등에 관하여 의견이 일치하지 않은 경우에도 동일한 방법으로 시행한다. 중재결정이 이루어지는 경우에 산업안전보건위원회 의결을 거친 것으로 보며 사업주와 근로자는 그 결정에 따른다.

1.4.6 안전보건경영 체계

안전경영을 위해서는 안전의 위상 정립, 기반 조성, 종합적인 추진, 위험 통제를 통해서 최종적으로 무재해 달성을 목표로 한다.

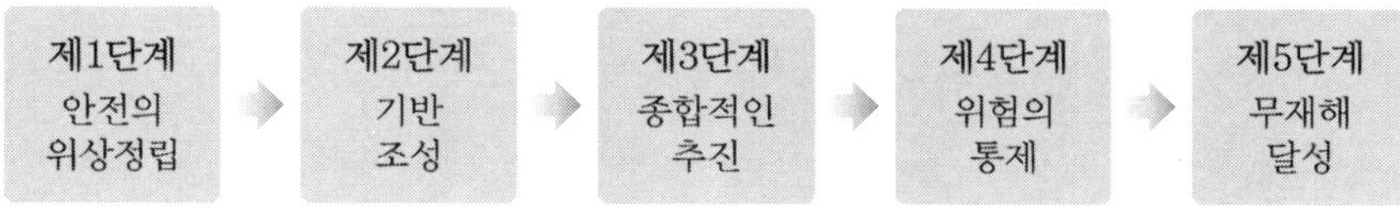

그림 1.8 안전경영 전략 5단계

사업장에서 안전경영 체계를 갖추어 실행하면 (1) 사업주는 경영방침에 안전정책을 반영 (2) 실행지침과 세부기준 규정 수립 (3) 실행결과의 자체평가 및 개선대책 제시 (4) 재해예방과 손실감소의 효과를 기대할 수 있다.

안전경영 체계를 구성하는데 필요한 요소는 (1) 사업장 실태 분석 (2) 방침수립과 목표 설정 (3) 계획을 수립하여 실행 (4) 성과를 측정하여 자체검사 (5) 경영자가 검토하도록 한다.

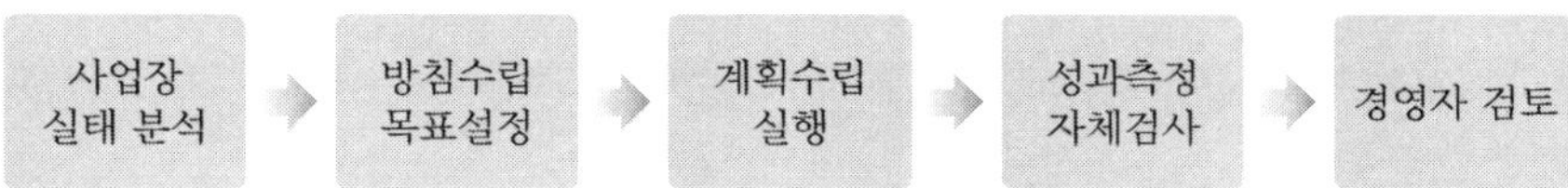

그림 1.9 안전경영 체계 구성 요소

1.4.7 안전보건관리

사업장은 규모에 따라 안전보건관리 규정을 작성해야 하며 관리 규정에는 표 1.8에 제시된 항목을 포함하여야 한다.

표 1.8 안전보건관리 규정의 대상 사업장과 항목

<table>
<tr><td>안전보건관리규정
대상 사업장</td><td>• 상시 근로자 100명 이상을 사용하는 사업
• 안전보건관리규정을 작성하여야 할 사유가 발생한 날부터 30일 이내에 작성</td></tr>
<tr><td>안전보건관리규정
작성 항목</td><td>• 안전 · 보건 관리 조직과 그 직무에 관한 사항
• 안전 · 보건교육에 관한 사항
• 작업장 안전관리에 관한 사항
• 작업장 보건관리에 관한 사항
• 사고 조사 및 대책 수립에 관한 사항
• 그 밖에 안전 · 보건에 관한 사항</td></tr>
</table>

과제 안전보건관리규정을 작성해야 할 사업장을 찾아보고 그 규정을 조사하여 작성 항목에 적정한지 검토하여 작성한다.

안전보건관리규정을 수립할 때 유의사항은 다음과 같다.

① 실현 가능이 되도록 사업장의 실태에 적절하게 수립한다.

② 직장 단위로 구체적으로 계획하여 작성한다.

③ 계획상의 재해 감소 목표는 점진적으로 수준을 높힌다.

④ 현재의 문제점을 검토하기 위해 자료를 수집 조사하여야 한다.

⑤ 계획에서 실시까지 미비점, 잘못된 점을 피드백할 수 있는 조정 기능을 갖도록 한다.

⑥ 적극적인 안전을 위해 새로운 아이디어와 정보를 활용하여야 한다.

⑦ 계획안이 효과적으로 실시되도록 라인, 스텝 관계자에게 충분히 이해되도록 해야 한다.

산업재해율이 같은 업종의 규모별 평균산업재해율보다 높은 사업장, 작업환경측정 대상업무를 수행하는 사업장으로서 작업환경이 현저하게 불량한 사업장, 고용노동부장관이 따로 정하는 사업장 등은 안전보건개선계획을 수립하여 지방고용노동관서의 장에게 제출해야 한다. 안전보건개선계획서에는 표 1.8에서 제시한 내용이 포함되어야 하며 세부 내용에 대해서는 표 1.9에 수록하였다.

표 1.8 안전보건개선계획서 대상사업장과 내용

종 류	내 용
안전보건개선 계획서 내용	① 시설 ② 안전 · 보건관리체제 ③ 안전 · 보건교육 ④ 산업재해예방 및 작업환경의 개선을 위하여 필요한 사항
안전보건개선 계획수립대상 사업장	① 산업재해율이 같은 업종의 규모별 평균 산업재해율보다 높은 사업장 ② 작업환경이 현저히 불량한 사업장 ③ 중대재해가 연간 2건 이상 발생한 사업장 ④ 제①호 내지 제③호의 규정에 준하는 사업장으로서 고용노동부장관이 정하여 고시한 사업장
안전보건 진단을 받아 개선계획을 수립·제출해야 되는 사업장	① 중대재해발생 사업장 ② 산업재해발생률이 같은 업종 평균 산업재해 발생률의 2배 이상인 사업장 ③ 직업병에 걸린 사람이 연간 2명 이상 발생한(상시 근로자 1천명이상 사업장의 경우 3명 이상) 사업장 ④ 작업환경불량, 화재 · 폭발 또는 누출사고 등으로 사회적 물의를 일으킨 사업장 ⑤ 제①호 내지 제④호의 규정에 준하는 사업장으로서 고용노동부장관이 정하는 사업장

표 1.9 안전보건개선계획서의 세부내용

종 류	내 용
총칙	• 안전 · 보건관리규정 작성의 목적 및 적용 범위에 관한 사항 • 사업주 및 근로자에 재해 예방책임 및 의무 등에 관한 사항 • 하도급 사업장에 대한 안전 · 보건관리에 관한 사항
안전·보건 관리조직과 그 직무	• 안전·보건 관리조직의 구성방법, 소속, 업무 분장 등에 관한 사항 • 안전보건관리책임자(안전보건총괄책임자), 안전관리자, 보건관리자, 관리감독자의 직무 및 선임에 관한 사항 • 산업안전보건위원회의 설치·운영에 관한 사항 • 명예산업안전감독관의 직무 및 활동에 관한 사항 • 작업지휘자 배치 등에 관한 사항
안전보건교육	• 근로자 및 관리감독자의 안전·보건교육에 관한 사항 • 교육계획의 수립 및 기록 등에 관한 사항
작업장 안전관리	• 안전·보건관리에 관한 계획의 수립 및 시행에 관한 사항 • 기계·기구 및 설비의 방호조치에 관한 사항 • 유해·위험기계 등에 대한 자율검사프로그램에 의한 검사 또는 안전검사에 관한 사항 • 근로자의 안전수칙 준수에 관한 사항 • 위험물질의 보관 및 출입 제한에 관한 사항 • 중대재해 및 중대산업 사고 발생, 급박한 산업재해 발생의 위험이 있는 경우 작업중지에 관한 사항 • 안전표지·안전수칙의 종류 및 게시에 관한 사항과 그 밖에 안전관리에 관한 사항
작업장 보건관리	• 근로자 건강진단, 작업환경측정의 실시 및 조치절차 등에 관한 사항 • 유해물질의 취급에 관한 사항 • 보호구에 지급 등에 관한 사항 • 질병자의 근로 금지 및 취업 제한 등에 관한 사항 • 보건표지·보건수치의 종류 및 게시에 관한 사항과 그 밖에 보건관리에 관한 사항
사고 조사 및 대책 수립	• 산업재해 및 중대산업사고의 발생 시 처리 절차 및 긴급조치에 관한 사항 • 산업재해 및 중대산업사고의 발생 원인에 대한 조사 및 분석, 대책 수립에 관한 사항 • 산업재해 및 중대산업사고 발생의 기록·관리 등에 관한 사항
보칙	• 무재해운동 참여, 안전·보건 관련 제안 및 포상·징계 등 산업재해 예방을 위하여 필요하다고 판단하는 사항 • 안전·보건 관련 문서의 보존에 관한 사항 • 그 밖의 사항(사업장의 규모·업종 등에 적합하게 작성하며, 필요한 사항을 추가하거나 그 사업장에 관련되지 않는 사항은 제외할 수 있다.)

MEMO

INDUSTRIAL SAFTY MANAGEMENT

CHAPTER

02 재해 조사와 예방

CONTENTS

SECTION 2.1 | 재해 조사 ········· 39
SECTION 2.2 | 상해의 형태와 종류 ········· 42
SECTION 2.3 | 직접적인 원인 ········· 43
SECTION 2.4 | 간접적인 원인 ········· 45
SECTION 2.5 | 가해물질에 의한 원인 ········· 46
SECTION 2.6 | 산업재해 조사표 작성 ········· 48
SECTION 2.7 | 재해예방 ········· 53
SECTION 2.8 | 재해 통계와 재해 비용 ········· 55

CHAPTER

02 재해 조사와 예방

INDUSTRIAL SAFETY MANAGEMENT

2.1 | 재해 조사

재해를 사전에 예방하거나 특히 발생된 재해가 반복적으로 일어나지 않아야 한다. 재해가 발생하면 그 재해에 대한 원인 조사가 필요하다. 동일한 종류의 재해가 재차 발생하지 않도록, 혹은 유사한 재해가 발생되지 않도록 예방대책을 수립해야 한다. 이 대책을 수립하기 위해 재해 조사가 이루어져야 한다. 재해의 원인이 되는 위험한 상태 및 불안전한 행동에 대한 조사를 실시하여 올바른 재해 예방대책을 수립해야 한다. 올바른 재해 예방대책을 수립하기 위해 재해 조사가 정확하게 이루어져야 한다. 재해 조사는 안전관리 업무 중에서 가장 중요한 일 중의 하나이다.

재해 조사의 목적은 원인을 파악하는 것이다. 조사 목적이 책임을 추궁하는 것이 아니며 조사 자체가 목적이 되어서도 안 된다. 사고의 경중에 관계없이 재해 원인을 철저하게 조사하는 것이 중요하다.

재해 조사 시 유의할 사항은 다음과 같다.

(1) 사실을 수집한다.

(2) 목격자 등이 증언하는 사실 이외의 추측의 말은 참고만 한다.

(3) 조사는 신속하게 수행하고 긴급 조치하며 2차 재해 방지를 도모한다.

(4) 사람, 기계설비 양면의 재해 요인을 모두 도출한다.

(5) 객관적인 입장에서 공정하게 조사하며, 조사는 2인 이상이 한다.

(6) 책임 추궁보다 재발 방지를 우선하는 기본 태도를 갖는다.

(7) 피해자에 대한 구급 조치를 우선한다.

(8) 2차 재해 예방과 위험성에 대한 보호구를 착용한다.

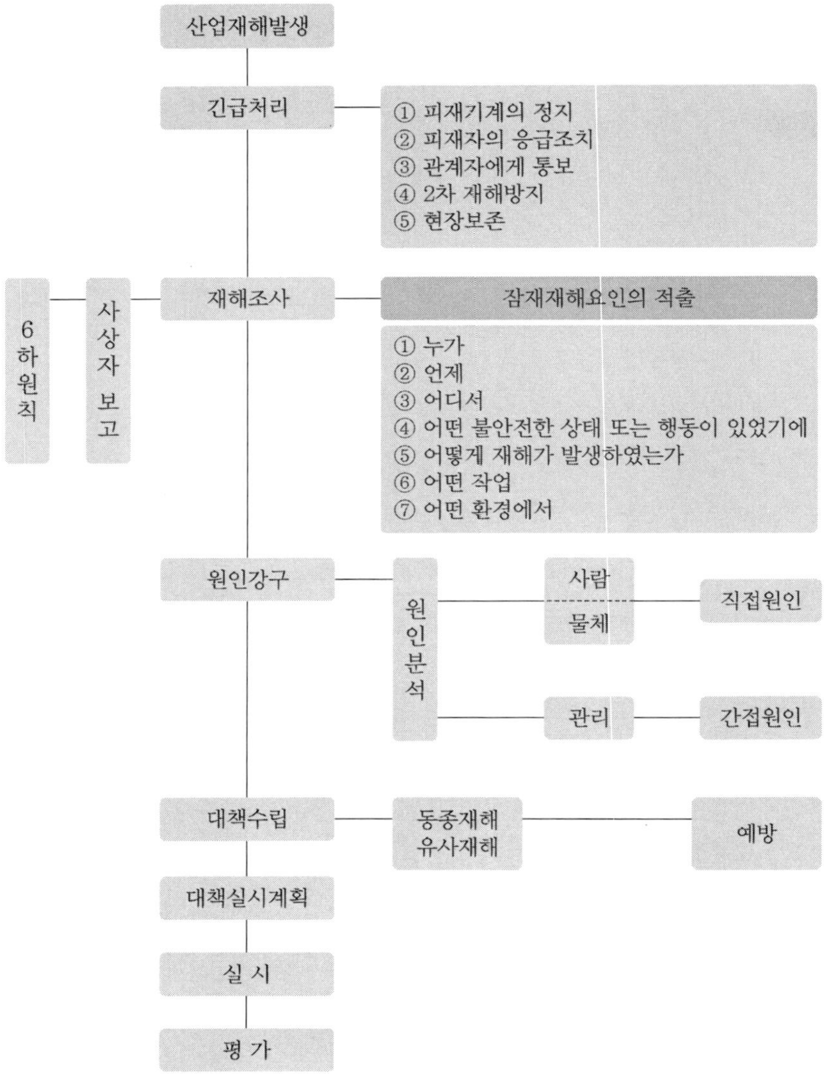

그림 2.1 산업재해 발생 시 조치 순서

산업 재해가 발생하였을 때 조치 순서에 따라 진행하며 그 조치 사항을 그림 2.1에 제시하였다. 또한 재해 조사는 6하 원칙[누가(who), 언제(when), 어디서(where), 무엇을(what), 왜(why), 어떻게(how)]에 따라 수행한다. 6하 원칙에 따라 과학적으로 조사하고 3E, 4M에 따라 상세히 조사한다.

3E는 하아비(미국)의 이론으로 관리(Enforcement, 규제)적 측면, 기술(Engineering)적 측면, 교육(Education)적 측면을 고려하여 원인을 조사한다. 또한 기계를 사용하여 사고가 발생한 경우에

는 인간-기계계에서 보는 안전의 4M 기법에 준하여 조사한다. 이에 대한 내용을 표 2.1에 제시하였다.

표 2.1 인간-기계계에서 보는 안전의 4M

구 분	사 고	현상과 원인	안전의 4M
기계사용시 불안전한 현상(사고)	공학적 사고	설계 · 제작 착오, 재료 피로 · 열화, 고장, 오조작, 배치 · 공사착오	기계(Machine)
	인간-기계계의 사고	잘못 사용, 오조작, 착오, 실수, 논리 착오, 협조 미흡, 불안 심리	인간(M)
		작업정보 부족 · 부적절, 협조 미흡, 작업환경 불량, 불안전한 접촉	작업매체(Media)
		안전조직 미비, 교육 · 훈련 부족, 오판단, 계획 불량, 잘못 지시	관리(Management)
	불가항력	천재지변 등	

재해 원인으로 기술적 사항(Technology)으로 불안전한 상태, 조직적 사항(Organization)으로 불안전한 조직, 인적 사항(Person)으로 불안전한 행동을 의미하는 TOP 이론을 독일의 콤페스(P.C. Compes) 주장하였다.

효율적인 안전관리를 위해서는 계획(Plan)을 수립하고, 교육과 훈련을 실행(Do)한다. 그 결과를 검토(Check)하고 조치(Action)한다. 이를 관리의 4cycle이라 부르며 그림 2.2에 제시하였다. 검토와 조치를 묶어서 3cycle이라 하기도 한다.

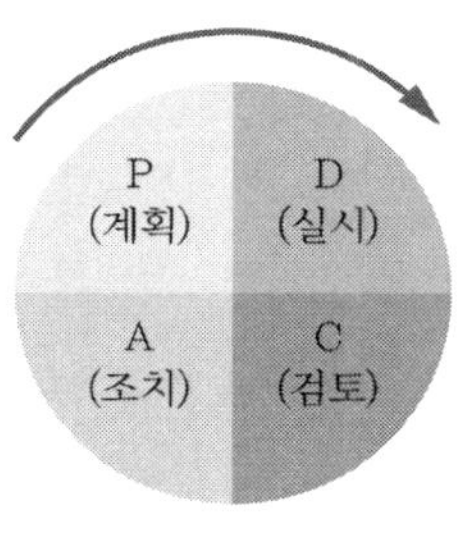

그림 2.2 안전관리의 4cycle

표 2.2 안전관리의 4cycle과 3cycle

4cycle	P(Plan, 계획) → D(Do, 실시) → C(Check, 검토) → A(Action, 조치) → P(Plan, 계획수정)
3cycle	P(Plan, 계획) → D(Do, 실시) → S(See, 검토 + 조치) → P(Plan, 계획수정)

2.2 상해의 형태와 종류

재해가 발생하면 재해조사 시에 상해 발생 여부를 파악하고 그 형태를 분류하여 기록해야 한다. 상해의 형태는 다음과 같다.

① **떨어짐(추락)** : 사람이 건축물, 비계, 기계, 사다리, 계단, 경사면, 나무 등에서 떨어지는 것
② **넘어짐(전도)** : 사람이 평면상으로 넘어지는 것
③ **부딪힘(충돌)** : 사람이 정지물에 부딪친 경우
④ **물체에 맞음(낙하 및 비래)** : 물건이 떨어지거나 날아와서 맞는 것
⑤ **무너짐(붕괴 및 도괴)** : 적재물, 비계, 건축물 등이 무너진 경우
⑥ **끼임(협착)** : 물건에 끼워진 상태나 말려든 상태
⑦ **감전** : 전기접촉이나 방전에 의해 사람이 충격을 받는 경우
⑧ **폭발** : 폐쇄된 공간의 압력이 갑자기 커져 터지거나 개방으로 인해 폭음을 일으켜 팽창하는 경우
⑨ **파열** : 용기 또는 장치가 물리적인 압력에 의해 파열한 경우
⑩ **화재** : 의도하지 않은 불에 의한 재해
⑪ **무리한 동작** : 무거운 물건을 들다가 허리 등을 삐거나 무리한 자세나 동작의 반복으로 상해를 입는 경우

재해가 발생하면 사람에게 가해진 상해의 형태뿐만 아니라 그로 인해 사람의 신체가 상처를 입거나 기타 질병에 걸렸을 때 어떤 종류인가를 분류해야 한다. 상해의 종류는 다음과 같다.

① 골절 : 뼈가 부러진 상해

② 동상 : 저온물 접촉으로 동해를 입은 상해

③ 부종 : 국부의 혈액순환 이상으로 몸이 퉁퉁 부어오르는 상해

④ 자상 : 칼날 등 날카로운 물건에 찔린 상해

⑤ 좌상 : 타박, 충돌, 추락 등으로 피하조직 또는 근육부를 다친 상해

⑥ 절상 : 신체부위가 절단된 상해

⑦ 중독 · 질식 : 음식, 약물, 가스 등에 의하여 중독되거나 질식된 상해

⑧ 찰과상 : 스치거나 문질러서 벗겨진 상해

⑨ 창상 : 창, 칼 등에 베인 상해

⑩ 화상 : 화재 또는 고온물 접촉으로 인한 상해

⑪ 청력장해 : 청력 감퇴 또는 난청된 상해

⑫ 시력장해 : 시력 감퇴 또는 실명된 상해

⑬ 기타 상해 : 위의 항목에 해당되지 않는 상해

2.3 | 직접적인 원인

재해가 발생하면 그 원인을 조사하여 재발 방지를 도모하고 예방대책을 수립해야 한다. 산업재해가 발생하는 기본적 모형을 그림 2.3에 나타냈다. 재해가 발생되는 직접적인 원인은 2가지로 구분할 수 있다. 관리상의 결함인 불안전한 행동과 불안전한 상태이며 이를 구체적으로 표 2.3에 제시하였다.

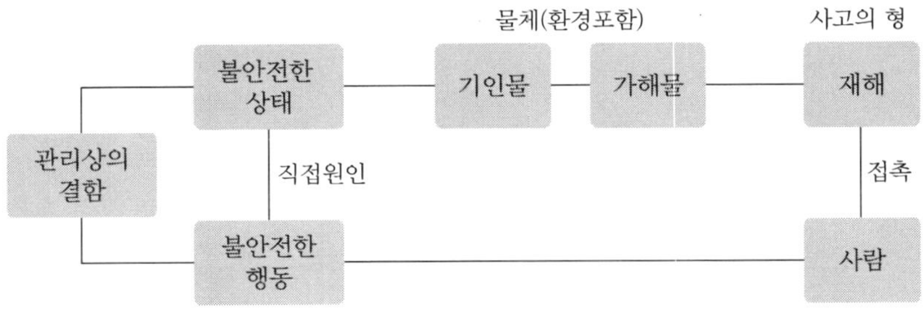

그림 2.3 재해 발생 기본 모형

표 2.3 산업재해 발생의 직접적인 원인

불안전한 행동	불안전한 상태
• 위험장소 접근 • 안전장치의 기능 제거 • 복장 보호구의 잘못 사용 • 기계 기구 잘못 사용 • 운전 중인 기계장치의 손질 • 불안전한 속도 조작 • 위험물 취급 부주의 • 불안전한 상태 방치 • 불안전한 자세 동작 • 감독 및 연락 불충분	• 물질 자체 결함 • 안전 방호장치 결함 • 복장 보호구 결함 • 물질의 배치 및 작업 장소 결함 • 작업환경의 결함 • 생산공정의 결함 • 경계표시, 설비의 결함 • 기타

작업환경의 구체적인 결함은 (1) 부적당한 조명 (2) 부적당한 배기가스 (3) 부적당한 온도, 습도 (4) 과다한 소음 발생 등이다.

2.4 간접적인 원인

산업재해의 간접적인 원인은 기술적 원인, 교육적 원인, 관리적 원인, 정신적 원인, 신체적 원인으로 구분할 수 있으며 구체적으로 표 2.4에 나타냈다. 간접 원인은 재해의 가장 깊은 곳에 존재하는 재해 원인이라 할 수 있으며 이는 기초 원인과 2차 원인으로 분류할 수 있다.

- 기초 원인 : 학교 교육적 원인, 관리적(작업관리상) 원인
- 2차 원인 : 신체적 원인, 정신적 원인, 교육적 원인, 기술적 원인

표 2.4 산업재해 발생의 간접적인 원인

항 목	세부항목
기술적 원인	• 건물, 기계장치 설계 불량 • 구조, 재료의 부적합 • 생산 공정의 부적당 • 점검, 정비보존의 불량
교육적 원인	• 안전의식의 부족 • 안전수칙의 오해 • 경험훈련의 미숙 • 작업방법의 교육 불충분 • 유해위험 작업의 교육 불충분
작업관리상의 원인	• 안전관리 조직 결함 • 안전수칙 미제정 • 작업준비 불충분 • 인원배치 부적당 • 작업지시 부적당
정신적 원인	• 태만, 불만, 초조, 긴장, 공포, 반항 기타
신체적 원인	• 스트레스, 피로, 수면부족, 질병 등

사고의 유형은 물체와 사람의 접촉에 의해 발생되는데 (1) 물체가 사람에 직접 접촉되는 현상 (2) 사람이 유해 환경하에 노출된 현상의 경우이다. 사고 원인에는 기인물과 가해물이 있다. 기인물은 불안전한 상태에 있는 물체(환경 포함)를 말하며, 가해물은 직접 사람에게 접촉되어 위해를 가한 물체를 말한다. 기인물과 가해물은 같을 수도 있으나 다른 경우가 대부분이다. 예를 들어 설명하면 다음과 같다.

예 종업원이 작업대에서 지면에 추락한 경우

기인물 : 작업대

가해물 : 지면

발생 형태 : 추락

예 종업원이 물건을 운반 중에 그 물건이 발에 떨어져 다친 경우

기인물 : 물건

가해물 : 물건

발생 형태 : 낙하

2.5 가해물질에 의한 원인

재해발생 원인을 가해물질의 종류에 따라 동력기계, 운반기계, 기타 장치, 가설건축 구조물, 물질(재료), 적재물, 환경, 기타 원인으로 구분할 수 있다.

(1) 동력기계

① 원동기(전동기, 발전기, 증기기관, 터빈, 내연기관 등)

② 동력전달장치(회전축, 벨트 풀리, 기어)

③ 목재가공용 기계

④ 건설용 기계(트랙터, 항타기, 굴진기, 포장기, 제설기 등)

⑤ 일반동력 기계(선반, 연삭반, 프레스, 해머, 원심기계, 혼합기, 분쇄기, 로울러기 등)

⑥ 기타 동력기계

(2) 운반기계

① 동력 크레인(크레인, 엘리베이터, 리프트, 곤돌라, 윈치 등)

② 동력운반기(트럭, 포크리프트 트럭, 궤도장치, 컨베이어 등)

③ 승용차량(승용차, 버스, 철도차량 등)

④ 기타 운반기계

(3) 기타 장치

① 압력용기(보일러, 가열기, 반응기, 증발기, 압축공기 등)

② 화학설비

③ 용접장치(가스용접, 아크용접, 기타 용접)

④ 노(爐)(전기로, 고로, 용선로 등)

⑤ 전기설비(송 · 배전선, 전력설비 등)

⑥ 용구(사다리, 고리걸이 용구, 로프, 바이스 등)

⑦ 인력기계공구(인력크레인, 인력운반기, 수공구 등)

⑧ 기타 장치(냉동설비, 집진장치 등)

(4) 가설건축 구조물

비계, 지보공, 개구부, 지붕, 작업상 통로, 건축물, 구조물 등

(5) 재료(물질)

① 위험 · 유해물(폭발성 물질, 인화성 물질, 가연성 가스 유해물, 방사선 등)

② 재료(금속재료, 목재 등)

(6) 적재물

컨테이너 상자, 포장물, 드럼통 및 운반용기

(7) 환경

지반, 암석, 입목, 물, 고온, 정온, 이상환경 등

(8) 기타 원인

① 기타 가해물질(세균 등)

② 가해물질이 없는 경우

③ 분류 불능

2.6 산업재해 조사표 작성

산업재해가 발생하면 산업재해 발생 시 조치순서에 따라 사고원인을 규명하고 사후 예방을 위해 산업재해 조사표를 작성하여 보고하고 보관해야 한다. 조사자는 표 2.5에 제시된 산업재해 조사표를 작성해야 하며 주요 내용은 다음과 같다.

① 재해발생 일시와 장소

② 재해유발자 및 재해자 신상명세

③ 재해의 원인과 결과

④ 조사자의 의견

표 2.5 산업재해조사표

■ 산업안전보건법 시행규칙 [별지 제1호의2서식] 〈개정 2017. 10. 17.〉

산업재해 조사표

※ 뒤쪽의 작성방법을 읽고 작성해 주시기 바라며, [ ]에는 해당하는 곳에 √ 표시를 합니다. (앞쪽)

구분	항목		항목	
Ⅰ. 사업장 정보	①산재관리번호 (사업개시번호)		사업자등록번호	
	②사업장명		③근로자 수	
	④업종		소재지	(-)
	⑤재해자가 사내 수급인 소속인 경우(건설업 제외)	원도급인 사업장명	⑥재해자가 파견근로자인 경우	파견사업주 사업장명
		사업장 산재관리번호 (사업개시번호)		사업장 산재관리번호 (사업개시번호)
	건설업만 작성	⑦원수급 사업장명	공사현장 명	
		⑧원수급 사업장 산재관리번호(사업개시번호)		
		⑨공사종류	공정률 %	공사금액 백만원

※ 아래 항목은 재해자별로 각각 작성하되, 같은 재해로 재해자가 여러 명이 발생한 경우에는 별도 서식에 추가로 적습니다.

구분	항목		항목		항목	
Ⅱ. 재해 정보	성명		주민등록번호 (외국인등록번호)		성별	[ ]남 [ ]여
	국적	[ ]내국인 [ ]외국인 [국적:	⑩체류자격:]		⑪직업	
	입사일	년 월 일	⑫같은 종류업무 근속기간		년 월	
	⑬고용형태	[ ]상용 [ ]임시 [ ]일용 [ ]무급가족종사자 [ ]자영업자 [ ]그 밖의 사항 [ ]				
	⑭근무형태	[ ]정상 [ ]2교대 [ ]3교대 [ ]4교대 [ ]시간제 [ ]그 밖의 사항 [ ]				
	⑮상해종류 (질병명)		⑯상해부위 (질병부위)		⑰휴업예상일수	휴업 [ ]일
					사망 여부	[ ] 사망

구분	항목		내용
Ⅲ. 재해발생 개요 및 원인	⑱ 재해 발생 개요	발생일시	[ ]년 [ ]월 [ ]일 [ ]요일 [ ]시 [ ]분
		발생장소	
		재해관련 작업유형	
		재해발생 당시 상황	
	⑲재해발생원인		
Ⅳ. ⑳재발 방지 계획			

작성자 성명

작성자 전화번호 작성일 년 월 일

사업주 (서명 또는 인)

근로자대표(재해자) (서명 또는 인)

( )지방고용노동청장(지청장) 귀하

재해 분류자 기입란 (사업장에서는 작성하지 않습니다)	발생형태	□□□	기인물	□□□□□
	작업지역 · 공정	□□□	작업내용	□□□

210mm×297mm[백상지(80g/㎡) 또는 중질지(80g/㎡)]

2.6.1 산업재해 구분

산업재해의 정도를 사망, 중상, 경상, 경미상해 등으로 구분하며 그 기준은 다음과 같다.

① **사망** : 근무 중에 순직을 하는 경우로 7,500일의 근로손실일수가 발생한 경우를 말한다.
② **중상해** : 부상으로 인해 8일 이상 근로손실을 가져온 상해이며 보험 또는 당국에 의뢰해야 한다.
③ **경상해** : 부상으로 1일 이상 7일 미만의 근로손실을 가져온 상해이며 응급조치로 치료가 가능한 찰과상, 타박상 등이 있다.
④ **경미상해** : 부상으로 8시간 이하의 휴무 또는 작업에 종사하면서 치료를 받는 상해이며 미끄러짐, 넘어짐, 비래(飛來), 흡입 등이 있다.

근로자가 재해에 의해 부상 또는 질병의 요양을 위해 다음 날부터 휴업해야 되는 산업재해를 휴업재해(休業災害)라고 한다. 휴업재해가 발생했을 때는 산업안전보건법에 의해 재해보고서를 제출하도록 의무화하고 있다. 근로자가 산업재해에 의해 입은 부상 또는 요양을 위해 쉬지 않은 재해를 불휴재해(不休災害)라 한다. 즉 재해가 발생한 직후부터 재해발생 당일만 입원하고 다음 날부터 출근하는 경우에 해당된다.

'휴업'이란 산업재해 등으로 회사에 출근하지 못하는 경우를 뜻하고 '휴업 3일'이란 회사에 출근하지 못한 것을 말하며, 휴업 3일 이상인 경우에 산업재해 조사표를 작성하여 제출해야 한다. 휴업일을 집계할 때 사고 발생일을 포함시키지 않는다.

산업안전보건법에서 중대 재해는 (1) 사망자가 1명 이상 발생한 재해 (2) 3개월 이상 요양이 필요한 부상자가 동시에 2명 이상 발생한 재해 (3) 부상자 또는 직업성 질병자가 동시에 10명 이상 발생한 재해를 말한다.

산업재해나 중대재해가 발생하면 그 기록을 작성하고 보고서를 보고 체계에 따라 제출해야 한다. 보고 방법과 그 내용은 표 2.6와 같다.

표 2.6 산업재해 기록 내용과 보고 방법

구분	항목	내용
산업재해 보고	**대상재해**	사망자 또는 4일 이상 요양을 요하는 부상을 입거나 질병에 걸린자가 발생한 때
	보고방법	재해가 발생한 날부터 1개월 이내에 산업재해조사표를 작성하여 관할지방 노동청의 장에게 제출
중대재해 보고	**보고방법**	중대재해발생 사실을 알게 된 때에는 지체 없이 관할지방 노동관서의 장에게 전화 · 모사 전송, 기타 적절한 방법에 의하여 보고
	보고사항	•발생 개요 및 피해 상황 •조치 및 전망 •그 밖의 중요한 사항
산업재해 발생시 보존해야 할 사항		•사업장의 개요 및 근로자의 인적사항 •재해발생의 일시 및 장소 •재해발생의 원인 및 과정 •재해 재발 방지 계획

중대재해란? (안전보건공단)

2.6.2 ILO에 의한 재해 구분

산업재해에 의해 발생된 부상에 의해 노동 기능의 저하 정도에 따라서 ILO(국제노동기구)에서 재해정도를 구분하였다. 모든 국가에서 이 방법을 적용하는 것은 아니지만 우리나라에서는 이 구분을 따른다.

① **사망** : 사고로 입은 부상에 의해 생명을 잃는 경우를 말하며, 행방불명 시 발생한 날부터 3개월이 지나면 사망으로 인정한다.

② **영구노동 불능 상해** : 부상으로 노동 기능을 완전히 잃게 되는 부상으로 신체장해 등급 1~3등급에 해당된다.

③ **영구부분노동 불능 상해** : 부상으로 신체부분 일부가 노동 기능을 상실한 부상으로 신체장해 등급 4~14등급에 해당된다.

④ **일시부분노동 불능 상해** : 의사 진단으로 일정 기간 정규노동에 종사할 수 없으나 휴무상해가 아닌 상해로서 일시적으로 가벼운 노동에 종사하는 경우에 해당된다.

⑤ **응급조치 상해** : 부상 후, 치료를 받고 정상 작업에 임할 수 있는 정도와 상해가 해당된다.

①~②의 경우(손실일수 7,500일)에 근로자 휴업일수는 위의 손실일수에 가산하지 않는다. 일시부분노동 불능의 손실일수는 휴업일수에 300/365을 곱한다.

우리나라 산업재해보상법상의 급여는 요양급여, 휴업급여, 장해급여 등으로 구분되며 지급내역을 살펴보면 다음과 같다.

① **요양급여** : 요양비 전액(기간이 3일 이내인 부상 또는 질병 제외)

② **휴업급여** : 평균임금의 70/100(미취업기간 3일 이내 제외)

③ **장해급여** : 장해등급에 따라 장해보상연금 또는 장해보상 일시금 지급

- 연금 : 1급 329일분~7급 138일분까지
- 일시금 : 1급 1,474일분~14급 55일분까지

④ **유족급여** : 유족보상연금 또는 유족보상일시금

- 연금 : 급여기초연액(평균임금×365)의 47% 상당금액
- 일시금 : 평균임금의 1,300일분 상당금액

⑤ **상병보상연금** : 요양급여자가 2년이 경과해도 치료되지 않을 경우에 상병보상연금 청구에 의해 폐질 등급에 따라 지급

- 폐질 1급 평균임금의 329일분~3급 평균임금의 257일분 지급

  [TIP] 폐질 : 신체에 남은 영구적으로 정신적, 육체적 훼손을 말한다.

⑥ **장의비** : 평균임금의 120일분

신체장해 등급에 따라 산업재해 환산일수는 표 2.7과 같으며 신체장애 1~3등급은 7,500일이다.

표 2.7 산업재해 환산일수

신체장애 등급	4	5	6	7	8	9	10	11	12	13	14
손실일수	5,500	4,000	3,000	2,200	1,500	1,000	600	400	200	100	50

2.7 | 재해예방

재해예방에는 기본 원칙이 있다. (1) 손실 우연의 법칙 (2) 원인 계기(연계)의 원칙 (3) 예방 가능의 원칙 (4) 대책 선정의 원칙이다. 구체적으로 설명하면 다음과 같다.

(1) 손실 우연의 법칙

재해손실은 사고발생 시 대상의 조건에 따라 달라진다. 한 사고의 결과로서 생긴 재해손실은 우연성에 의해 결정된다. 따라서 재해 방지의 대상은 우연성에 좌우되는 손실 방지보다는 사고발생 자체의 방지가 되어야 한다.

재해손실은 경제적 손실과 인적 손실로 구분할 수 있다. 전자에 해당되는 것은 사고로 인한 원자재, 공정 파괴, 기계고장, 제품 손상, 인적 상해로 인한 비용, 파괴된 공정의 복구비 등이다. 후자에 해당되는 것은 소중한 기술 인력 손실을 의미한다. 이런 손실은 사고발생 당시의 사고 대상에 따라 달라진다. 예를 들어 화재가 발생했을 때 비가 오면 그 피해는 감소될 것이다. 반대로 인화성 제품이 옆에 있었다면 그 피해는 커졌을 것이며 휴일에 발생했다면 인명피해가 없을 수도 있다. 이처럼 사고발생 조건에 따라 재해 손실은 다를 수 있으므로 우연성에 따라 달라질 수 있다. 동일한 사고가 재발하였을 때 동일한 손실이 발생하는 것은 아니다. 한 사고에 의해 손실의 크고 작음이나 손실의 종류는 우연에 의해 정해진다.

(2) 원인 계기(연계)의 원칙

재해 발생은 반드시 원인이 있다. 손실 우연의 법칙에서 사고와 손실의 관계는 우연적이라고

하였으나 사고와 원인 관계는 필연적이다. 이는 과학적으로 규명할 수 있다. 일반적으로 재해원인은 직접원인[2.3절 참조]과 간접원인[2.4절 참조]으로 구분할 수 있다.

직접원인은 1차원인이라 부르며 물적(물체) 원인[불안전한 상태]과 인적 원인[불안전한 행동]으로 구분하였다. 즉, 물적(물체)원인이란 설비 · 환경 등의 불량이라 할 수 있고, 인적 원인이란 사람의 행동이 불안전할 때 발생된다.

간접원인은 표 2.3에 제시된 것처럼 기술적 원인, 교육적 원인, 관리적(작업관리상의) 원인, 정신적 원인, 신체적인 원인으로 구분하였다. 사고발생은 이들 원인 중의 하나이거나 2개 이상의 복합적인 원인일 수도 있다. 실제로 대부분의 사고 원인은 기술적 원인, 교육적 원인, 관리적 원인이다. 이외에도 교육기관에서 안전교육의 미실시로 학교 교육적인 원인, 안전에 관한 법규, 또는 행정기구의 미비, 사회사상의 미발달, 산업발달의 역사적 경과 등에 의한 사회적 또는 역사적 원인일 수도 있다.

(3) 예방 가능의 원칙

재해는 원칙적으로 원인만 제거되면 예방이 가능하다. 특히 인재는 원칙적으로 예방할 수 있다. 인재에 대한 원인조사에서 불가항력이라는 단어를 사용하면 안 된다. 재해대책은 사전과 사후 대책으로 구분할 수 있으며 대부분이 사후 대책이다. 예를 들어, 화재 · 폭발 대책으로 건물의 방화구조, 위험물 저장량의 제한, 보안거리, 방폭벽, 방유제 등은 사고 후의 피해를 감소하기 위해 설치된 것이다. 또한 화재경보기, 소화기, 소화설비 등은 화재발생 후에 조기 발견과 화재 진압을 위한 것이며 피난설비, 구급설비 등은 응급처치에 관한 것으로 사후 대책이다. 사후 대책을 위한 설비를 갖추었다 하더라도 화재나 폭발을 사전에 방지할 수 없다. 사전 방지를 위해 발생원과 위험 물질의 적정관리가 필요하다. 사후 대책을 충분히 준비하는 것은 매우 중요한 일이다. 하지만 재해방지 대책으로 사후 대책에 중점을 둘 때 사고 발생이 불가피하다는 점이 우려스런 일이다. 이런 관점에서 안전관리는 사전 대책에 중점을 두고 관리해야 한다.

(4) 대책 선정의 원칙

재해 예방을 위한 안전 대책은 반드시 존재한다. 사고원인의 대부분은 기술적 원인, 교육적 원인, 관리적 원인이라고 미국의 하아비(Harvey)가 주장하였다. 3가지 원인에 대한 방지대책으로 기술적 대책, 교육적 대책, 관리(규제, 감독)적 대책으로 안전 대책의 3E라 한다. 1장에서 기술된 바와 같이 재해방지에 중요한 안전 교육(safety Education), 안전 기술(safety Engineering), 안전 감독(관리)(safety Enforcement)이다. 재해방지를 위해 안전 대책 3E를 활용하면 효과를 거둘 수 있다. 재해방지 성과를 거두기 위해 교육과 기술이 동반되어야 하며 관리(감독)가 뒤 따라야 한다. 기술과 교육이 충실하고 합리적인 관리(감독)가 이루어져야 재해 예방이 이루어진다.

2.8 재해 통계와 재해 비용

조직의 안전관리수준 평가와 재해정보 파악을 위해 재해통계의 작성이 필요하다. 재해 통계 작성에 의하여 재해원인의 요인을 알 수 있으며 그 대상의 경향과 특성을 파악할 수 있다. 그 결과에 의해 효과적인 대책을 강구하여 동종 재해나 유사 재해의 재발을 방지할 수 있다.

2.8.1 재해 통계의 활용

재해 통계를 분석하여 갖추어 놓으면 설비상의 결함을 개선시키거나 변경시키는 데 활용되고 근로 책임에 의한 결함을 통해 근로자의 수준을 향상시키는 데 활용된다. 또한 관리 책임에 의한 결함을 통해 관리자의 수준을 향상시키는데 활용된다.

재해 통계에 의하여 다음과 같은 사항을 파악할 수 있을 뿐만 아니라 재해에 대한 현상을 알 수 있으며 이로부터 재해예방과 그 대책을 세울 수 있다.

① 최근 안전 성적을 알 수 있다.

② 다른 동종 사업장, 또는 업종 평균의 성적과 비교할 수 있다.

③ 과거의 실적과 현상을 비교하여 경향을 파악할 수 있다.

④ 안전 성적과 다른 사업 성적과의 연관 관계를 알 수 있다.

⑤ 현재까지 재해의 종류를 분류하여 파악할 수 있다.

⑥ 재해에 의한 손실을 알 수 있다.

⑦ 안전 성적을 향상시키기 위해 필요한 조치를 강구할 수 있다.

재해 통계를 활용하여 안전을 향상시켜 재해 예방을 강구할 수 있는 방안을 살펴보았다. 재해 통계를 정확하게 수집하기 위해 다음과 같은 사항을 고려해야 한다.

① 재해 통계는 활용 목적을 달성시키기 위해 누구나 쉽게 이해되고 활용될 수 있도록 작성되어야 한다.

② 재해 통계는 구체적으로 제시되어 그 내용을 쉽게 이용될 수 있도록 한다.

③ 재해 통계는 안전 활동을 추진하기 위한 기초자료이다.

④ 재해 통계를 기초로 올바른 판단을 해야 한다(통계 자료를 근거로 추측해서는 안 됨).

⑤ 재해 통계를 기초로 분석에 의해 나타난 경향과 특성을 활용한다.

⑥ 수집된 재해 통계를 활용한다(활용하지 않은 자료는 예산과 시간 낭비다).

2.8.2 사고원인 분석방법

(1) 개별적 원인 분석

개별적 원인 분석은 개개의 재해를 하나씩 분석하여 상세하게 그 원인을 규명한다. 특수 재해, 중대 재해, 재해 건수가 적은 사업장에 적용하며 개별 재해의 특수한 항목에 대한 조사가 필요한 경우에 실시한다.

(2) 통계적 원인 분석

재해 요인의 상호 관계나 재해 분포 상태 등을 파악하는 것이 필요하며 이는 거시적으로 분석하는 방법이다. 분석 방법에는 파렛트도(Pareto Diagram), 특성 요인도(Characteristic Diagram), 클로즈 분석(Close Analysis), 관리도(Control Chart) 등이 있다.

① **파렛트도** : 발생된 재해에 대해 사고 유형, 기인물 등을 분류 항목에 따라 발생 횟수의 크기 순서를 막대그래프 형식으로 나타낸 것이다. 문제 해결을 위해 중점 관리해야 할 소수의 대상을 선정할 때 이용한다(그림 2.3).

② **특성 요인도** : 특성과 요인의 관계를 그림으로 나타낸 것이며 어골상(魚骨狀)으로 세분화하여 표시한다(그림 2.4).

③ **클로즈 분석** : 재해 원인이 하나일 수도 있지만 2개 이상이 원인일 수도 있다. 2개 이상의 요인이 원인일 때 그 관계를 분석하는 데 사용된다. 자료를 수집하고 수집된 자료를 표로

표시하고 요인별로 결과를 클로즈시켜 작성하여 원인을 분석하는 방법이다(그림 2.5).

④ **관리도** : 일반적으로 특성 변화를 그래프(그림 2.6)로 나타내어 그 특성을 관리하는 방법이다. 재해 발생 건수 등의 추이를 파악하여 목표 관리를 수행하는 데 필요한 방법이다. 재해 발생 건수를 그래프로 나타내어 관리선을 설정하고 관리하는 것이다. 관리선은 상관리선(UCL : Upper Control Limit)과 하관리선(LCL : Lower Control Limit)을 설정하여 관리하며 Pn을 중심선이라 한다.

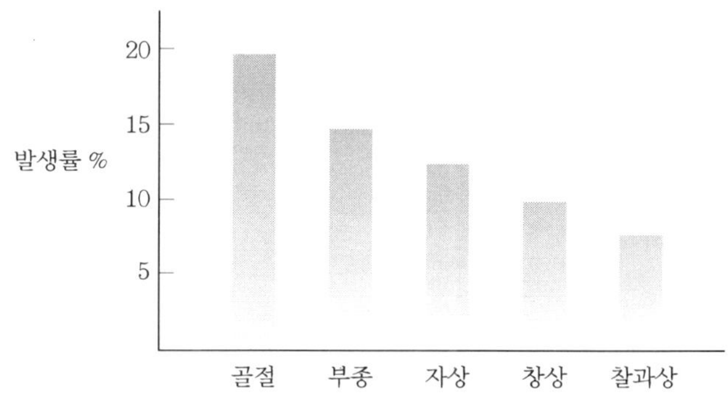

그림 2.3 파렛트도(Pareto Diagram)

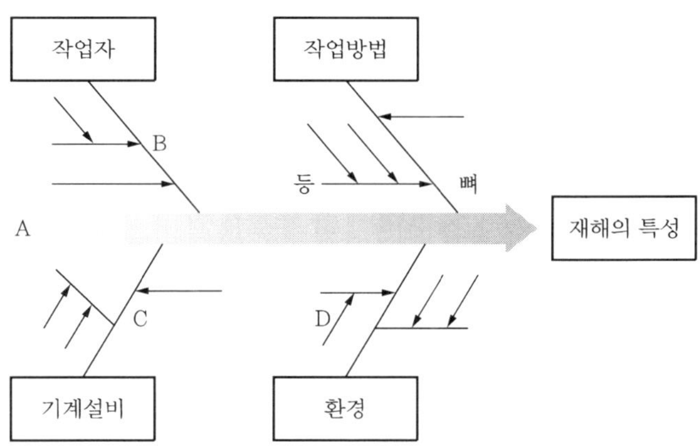

A : 등뼈, B : 큰뼈(대분류), C : 중뼈(중분류), D : 작은뼈(소분류)

그림 2.4 특성 요인도(Characteristic Diagram)

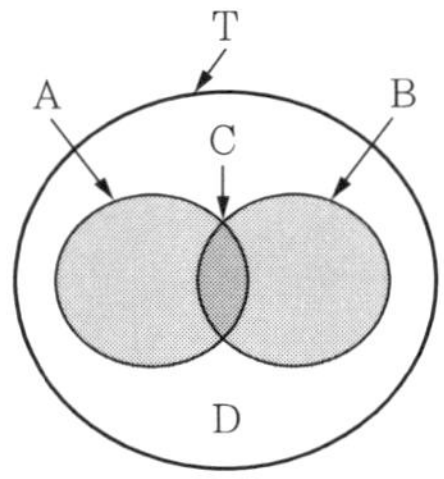

그림 2.5 클로즈 분석(Close Analysis)

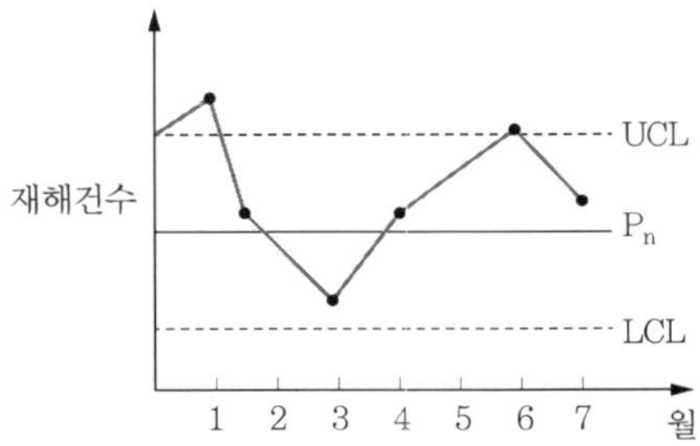

그림 2.6 관리도(Control Chart)

2.8.3 재해 통계

사업장 단위로 재해 통계를 작성하면 발생된 재해의 경향을 알 수 있다. 이 통계는 사업장에서 안전관리 활동의 자료로 중요하게 활용된다. 사업장에서 많이 사용되는 여러 가지 산업재해 통계에 대해 살펴보자.

(1) 월별 통계

일반적으로 매월의 발생건수, 발생률, 강도율로 나타낸다. 월별 통계는 재해발생의 장기추이나 계절적 특성을 파악할 수 있다. 선 그래프를 이용하면 안전에 대한 장기적인 변화를 알 수 있으며 이를 근거로 예방대책을 세울 수 있다.

(2) 직장별 통계

2개 이상의 직장이나 작업장에서 각각의 경향을 알기 위해 작성된다. 직장, 혹은 작업장을 비교하여 안전관리의 장점과 단점을 찾을 수 있으며 상호간의 경쟁의욕을 고취시킬 수 있다. 또한 안전성적을 높일 수 있다.

(3) 직종별 통계

산업재해 발생은 직종별로 특징이 있는 경우가 많다. 직종별로 재해 경향을 파악하는 것은 의미가 있다. 단순하게 발생 건수뿐만 아니라 재해율을 파악해 놓으면 유용하게 재해 통계로서 의미가 있다.

(4) 요일별 통계

이 통계는 요일별로 재해의 경향을 살펴보는 것이다. 휴일의 요일이 있는 경우에 주의해야 한다. 일요일을 휴일로 하는 사업장의 재해발생 경향은 월요일에 재해가 많은지, 주중에 많은지, 주말에 많은지로 구분할 수 있다.

월요일에 많이 발생하는 것은 일요일의 피로가 남아 있을 수 있다. 주중에서 주말에 걸쳐 재해가 많은 것은 피로의 누적이라 할 수 있다. 휴일의 전일에 일어나는 재해 중에는 휴일 계획 등을 생각하고 있었기 때문이라고 판단되는 경우가 많다. 요즘은 토요일 휴무제가 시행되는 직장이 많으므로 금요일 재해가 많은 경우도 있다.

(5) 시각별 통계

근로로 인한 피로는 작업시작 후 2시간이 지난 직후라고 한다. 보통의 근무상태에서는 오전 11시경과 오후 3시경이 해당된다. 이 시각에 재해가 발생하는 많은 발생하는 이유로 이 무렵에 피로가 가장 많이 겹쳐 주의력이 산만해진다는 것과 이 시각에 작업에 온통 집중함으로써 작업 밀도가 높아지고 있기 때문이라는 설이 있다. 그러나 작업 밀도가 높을 때에 대뇌의 활동도 활발해지므로 작업 밀도가 높기 때문에 재해가 많을 것이라고 생각할 수는 없다는 설도 있다. 또한 생리학적으로 음식물 대사에 의한 영향으로 2시간 후에 당수치가 가장 높아 피로가 쉽게 온다는 설도 있다. 피로로 인한 산업재해의 다발 시각에는 휴식 시간을 주는 등의 대책을 검토할 필요가 있다.

재해가 많은 오전 11시와 오후 3시에는 불안전한 심리 제거를 위한 대책을 연구하는 것도 좋은 예방책이다. 최근 사업장별로 일부 근로자의 파트 타임제 근무가 일상화되면서 시각별 재해통계도 변화되고 있다.

(6) 근속연수별 통계

신입근로자를 포함한 경험 연수가 많지 않은 근로자에게 재해가 많은 것은 지식의 부족, 기능 미숙 등이 원인이다. 이런 이유에서 안전관리 업무로 안전교육, 기능 훈련이 특히 중시된다. 그림 2.7은 경험 연수별 재해통계의 예이다. 경험 연수가 5년 이상인 근로자에게도 중상재해가 발생한다.

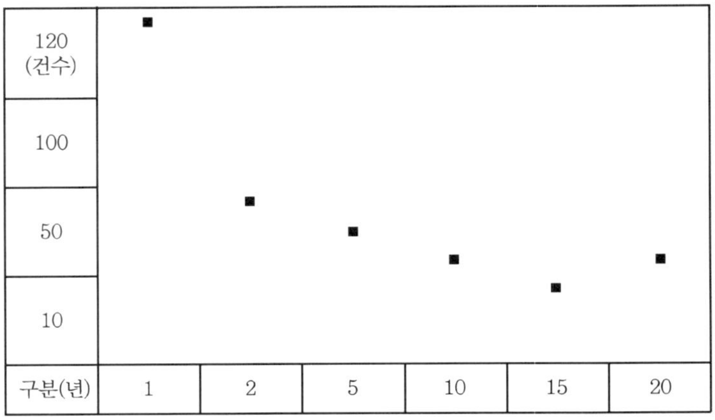

그림 2.7 경험 연수별 재해 통계 예

그 이유로 숙련자이지만 위험의 정도가 높은 업무를 담당하므로 또는 작업에 자신 과잉으로 안전수단을 생략하고 있기 때문일 수도 있다. 또한 고령이 되어 위험에 대응하는 능력이 감퇴되고 있는데도 본인에게 자각이 없을 수도 있다.

(7) 연령별 통계

산업재해를 연령별로 살펴보면 작업 내용에 따라 재해가 고 연령층 또는 젊은 연령층에 편중되어 나타나는 경우가 있다. 일반적인 경향으로 젊은 연령층에서는 경상이 많고, 약 40세 중반을 넘으면 중상재해가 발생한다. 연령과 경험 연수는 대부분의 경우 일치하므로 이 경향이 나타나는 이유는 앞에서 설명한 경험 연수의 경우와 같다고 생각된다. 특히 인간의 수명이 연장되면서 노년층의 취업기회가 넓어지고 그에 따른 재해률이 많아지는 것도 연령별 통계에 의한다.

(8) 부상부위별 통계

산업재해를 부상부위별로 조사하면 손가락이 제일 많다. 이는 손을 활용한 작업이 많아 작업 중에 위험에 노출될 기회가 제일 많은 부위이기 때문이다. 부상부위별 통계는 방호장갑, 보호안경, 안전화 등 보호구의 장착에 관한 중요한 자료가 된다.

위에서 열거한 것 이외에도 성별 통계, 상해 유형별 통계 등 여러 가지의 관점에서 작성할 수 있다.

2.8.4 재해율

재해율이란 어떤 재해가 얼마나 자주 발생하는가를 파악할 수 있는 발생 빈도로 결정할 수 있다. 또 다른 방법으로 어떤 크기의 재해가 발생할 확률은 어느 정도인가를 사업장의 안전 성적을 재해 발생 빈도나 확률로 평가할 수 있다. 사업장의 위험성이 시간 경과에 따라 순간적으로 발생되어 물적, 혹은 인적 손실을 가져온다. 재해율은 재해발생 빈도와 재해발생 손실 정도로 나타낼 수 있다.

(1) 연천인율

연간 1000명당 몇 명의 사상자가 발생하였는지 나타내는 지표이다. 즉, 연간재해자 수를 연평균 근로자 수로 나누고 1,000을 곱하여 구한다.

$$\text{연천인율} = \frac{\text{연간재해자 수}}{\text{연평균 근로자 수}} \times 1,000$$

이 값은 근로시간, 출근율, 가동일 수와 무관하다. 실제 노동 재해 수는 근로시간과 비례하고, 근로자 수에서도 근로시간, 근로의 질과 양에 따라 달라질 수 있으므로 연천인율로 재해율을 완전하게 표시할 수 없다.

(2) 도수율

1,000,000시간 당 재해발생 건수를 연근로자 시간수로 나눈 것을 말하며 산업재해 발생빈도 (FR, Frequency rate of injury)를 의미한다.

$$\text{도수율} = \frac{\text{재해발생 건수}}{\text{연근로자 시간수}} \times 1,000,000$$

연근로시간을 정확한 기록에 의하여 산정한다. 정확한 기록을 알 수 없을 때는 1일의 소정근로시간과 그 기간의 가동일수로 산정한다. 개략적으로 1일 8시간, 월 25일, 연 300일을 시간으로 환산하여 2,400시간을 적용한다.

(3) 연천인율과 도수율 관계

연천인율과 도수율의 계산은 기준이 다르다. 정확한 환산은 어렵지만 대략 그 관계는 다음과 같다.

$$연천인율 = 도수율 \times 2.4$$

$$도수율 = \frac{연천인율}{2.4}$$

예 연천인율이 7이다. 이 의미는 A 작업장에서 연간 1,000명이 작업한다면 재해자가 7명 발생한다는 의미이다.

(4) 강도율

강도율(SR, Severity rate of injury)은 연 근로시간 1,000시간당 발생한 근로 손실일수를 말하며 재해의 경중을 알 수 있다.

$$강도율(SR) = \frac{근로\ 손실일수}{연근로총시간수} \times 1,000$$

여기서 손실일수는 사망, 영구노동 불능(장해등급 1~3등급)인 경우에 7,500일, 영구부분노동 불능(4~14등급)인 경우에는 표 2.7 참조, 일시부분노동 불능은 휴업일수에 300/365을 곱한다.

근로손실일수=장애등급별 근로 손실일수+비장애 항목별 근로 손실일수

일시부분 노동 불능=휴업일수(입원일스, 통원치료, 요양, 의사 진단에 의한 휴업일수)×(300/365)

예제 호남산업(주)의 근로자가 320명인 사업장에서 1년 동안 사고로 인한 근로 손실일수가 210일, 휴업일수가 34일이었다. 이 사업장의 강도율은 얼마인가?

풀이 $$강도율 = \frac{210 + (34 \times \frac{300}{365})}{320 \times 2400} \times 1,000 = 0.3109$$

예제 전라산업(주)의 근로자가 320명인 사업장에서 1년 동안 사고로 인한 근로 손실일수가 250일, 휴업일수가 34일이었다. 이 사업장의 강도율은 얼마인가?

풀이 $$강도율 = \frac{250 + (34 \times \frac{300}{365})}{320 \times 2400} \times 1,000 = 0.3629$$

(5) 평균강도율

평균강도율은 재해 1건당 평균 손실일수를 말한다.

$$평균강도율 = \frac{강도율}{도수율} \times 1,000$$

(6) 환산 도수율과 환산 강도율 관계

입사에서 퇴직할 때까지의 평생 동안(40년)을 100,000시간이라 할 때 100만시간당 재해건수를 환산 도수율(F)이라 한다.

$$환산\ 도수율(F) = \frac{도수율}{10} = \frac{100,000}{1,000,000} \times 도수율$$

환산 강도율이란 100,000시간당 근로 손실일수를 의미한다.

$$환산\ 강도율(S) = 강도율 \times 100 = \frac{100,000}{1,000} \times 강도율$$

(7) 건설업 환산 재해율

건설업에서 재해율은 환산재해자수를 상시 근로자수로 나누어 %로 표시한다.

$$환산\ 재해율 = \frac{환산재해자수}{상시근로자수} \times 100$$

이 때 상시근로자수는 다음과 같이 계산한다.

$$상시\ 근로자수 = \frac{연간국내공사실적액 \times 노무비율}{건설업월평균임금 \times 12}$$

[환산재해자수 산정방법]

(1) 일반건설업체는 당해업체 소속 재해자뿐만 아니라 하도급업 소속재해자를 합산하여 산출한다.
(2) 일반건설업체 (A)가 건설산업기본법(제 29조 3항)의 규정에 의하여 발주자의 승인을 얻어 일반건설업체 (B)에게 하도급을 준 경우에 하도급 받은 일반건설업체 (B) 재해자수를 합한다.
(3) 2이상의 업체가 공동도급으로 공사를 수행하는 경우에 발생한 재해자수는 공동수급업체의 출자비율에 따라 재해자수를 분배한다.
(4) 장비임대, 설치 등에 관한 계약을 체결한 사업주 소속근로자가 재해를 당한 경우 원도급사의 관리책임이 없다는 등 특별한 사유가 없는 한 원도급사의 재해자수로 계산한다.

[노무비율이란?]

건설업은 보험료 신고 및 납부에서 근로소득(보수총액 또는 공사에 투입된 인건비)에 보험료율을 적용하여 결정된 보험료를 납부해야 한다. 건설업 특성상 하도급을 주거나 외주를 주는 경우에 보수 총액을 정확하게 산정할 수 없는 현실이다. 이를 고려하여 고용노동부장관이 매년 건설공사 노무비율을 정하여 보험료를 징수하도록 되어 있다. 건설공사의 노무비율은 일반 공사와 하도급 공사로 구분된다. 예를 들어 어떤 해에 고시된 노무 비율은 다음과 같다.

1) 일반 건설공사 : 총공사 금액의 100분의 27에 해당하는 금액
2) 하도급 공사 : 하도급 공사 금액의 100분의 30에 해당하는 금액

예제 호남건설(주)의 연간 국내공사 수주액이 500억원이고 이 해 노무비율은 29%이며 이 회사의 근로자 1일 평균임금은 70,000원으로 평가되었다. 이 회사의 환산재해율을 산정하기 위한 상시근로자수는 얼마인가? 단, 월평균 근로일수는 25일로 한다.

풀이 $\text{상시근로자수} = \dfrac{\text{연간 국내 공사 실적액} \times \text{노무비율}}{\text{건설업 월평균임금} \times 12} = \dfrac{50{,}000{,}000{,}000 \times 0.29}{70{,}000 \times 25 \times 12} = 690\text{명}$

(8) 종합재해지수(도수강도치 F.S.I)

집단의 위험도를 비교하는데 사용하는 지수로서 안전에 관심을 고취시키는 목적으로 사용할 수 있다.

$$\text{종합재해지수}(F.S.I.) = \sqrt{\text{도수율}(F) \times \text{강도율}(S)}$$

$$F.S.I.(\text{미국}) = \sqrt{\frac{\text{도수율} \times \text{강도율}}{1{,}000}}$$

(9) 안전 t－점수(Safe－t－score)

과거와 현재의 안전 성적을 비교 평가하는 방법으로 단위가 없으며 계산 결과가 (＋)이면 과거보다 나쁜 결과를 나타내며 (－)이면 과거에 비해 좋은 상태를 나타낸다.

$$\text{안전}t-\text{점수} = \frac{\text{빈도율(현재)} - \text{빈도율(과거)}}{\sqrt{\dfrac{\text{빈도율(과거)}}{\text{근로 총 시간수(현재)}} \times 10^6}}$$

판정 기준으로 (＋)2.0 이상이면 과거보다 심각하게 나빠진 상태를 나타낸다. (＋)2.0～(－)2.0 이면 심각한 차이가 없음을 의미하며 (－)2.0 이하이면 과거보다 좋아진 상태를 의미한다.

예제 호남산업(주)의 사업장 A와 B에서 2017년과 2018년 재해율이 다음 표와 같다. A부서와 B부서의 안전 t - 점수를 구하여라.

년도	구분	A부서	B부서
2017	사 고(건)	5	500
	근로총시간	5,000	500,000
	빈도율	1,000	1,000
2018	사 고	8	600
	근로총시간	5,000	500,000
	빈도율	1,600	1,200

풀이 A부서의 안전 t－점수 :

$$\text{안전}t-\text{점수} = \frac{1{,}600 - 1{,}000}{\sqrt{\dfrac{1{,}000}{5{,}000} \times 10^6}} = 1.34$$

B부서의 안전 t－점수 :

$$\text{안전}t-\text{점수} = \frac{1{,}200 - 1{,}000}{\sqrt{\dfrac{1{,}000}{500{,}000} \times 10^6}} = 4.47$$

A부서의 안전 t－점수는 1.34로 과거와 큰 차이가 없음을 알 수 있으나 B부서의 안전 t－점수는 4.47로서 안전이 현재 심각한 수준임을 알 수 있다.

(10) 안전 활동률

안전관리 측면에서 안전 활동 여부를 정량적으로 평가하기 위한 수치로 안전 활동률을 Blake, R.P.(미국)가 제안하였다. 안전 활동 건수는 일정기간 내에 수행한 안전 개선 권고수, 또는 안전 조치한 불안전 작업수, 불안전한 행동 적발수, 불안전한 물리적 지적 건수, 안전교육, 안전 홍보 건수 등을 고려하여 결정한다. 즉, 안전을 위해 수행한 모든 건수를 합하여 안전 활동 건수로 산정한다.

$$\text{안전 활동률} = \frac{\text{안전 활동 건수}}{\text{근로시간수} \times \text{평균근로자수}} \times 10^6$$

예제 호남산업(주)의 근로자가 320명인 사업장에서 지난 5개월 동안에 불안전한 행동 조치수가 12건, 안전회의 3건, 안전 개선 권고수 2건이 있었다. 안전 활동률을 구하여라, 단, 1일은 8시간, 근무일수는 월 25일간이다.

풀이 $\text{안전 활동률} = \frac{12+3+2}{5 \times 8 \times 25 \times 320} \times 10^6 = 53.125$

(11) 만인율

재해로 인한 사망자의 비율로서 전체 근로자 1만명당 산업재해 사망자 수의 비율은 다음과 같다.

$$\text{만인율} = \frac{\text{사망자 수}}{\text{근로자 수}} \times 10,000$$

2.8.5 재해 손실비용

재해로 인해 발생되는 손실을 비용으로 환산한 것을 재해 손실비용이라 한다. 재해 손실비용을 산정하기 위해서 객관적이고 쉽게 평가되어야 한다. 도한 기업의 규모와 관계없이 일률적으로 채택되어야 하며, 신뢰할 수 있는 방법이어야 한다. 평가 방법으로는 하인리히 방법, 시몬즈 방법, 콤패스 방법 등이 있다.

(1) 하인리히(H. W. Heinrich) 방법

하인리히에 의한 재해 손실비용은 직접비용과 간접비용의 합으로 산정한다. 직접비용은 피해자에게 지급되는 보상비용의 총액으로 산재보상비, 치료비, 입원비, 간호비, 보상금 등을 말한다.

직접비를 구체적으로 나타내면 다음과 같다.

① **휴업급여** : 평균임금의 70%

② **요양비** : 치료비 전액

③ **장애보상비** : ILO에서 분류한 등급 적용(사망, 영구 노동 불능 상해 1~3급, 영구부분 노동 불능 상해 4~14급)

④ **유족 보상비** : 평균임금의 1,300일

⑤ **장의비** : 평균임금의 120일

⑥ **일시 보상비** : 통상 임금의 1,340일

간접비는 직접비를 제외한 것으로 다음과 같은 항목이다.

① 인적 손실로서 본인의 사고로 인한 시간 손실, 제 3자의 손실로서 사고발생에 대한 호기심, 부상자의 구출, 동정심 등으로 인한 시간 손실을 말하며 관리감독자의 시간 손실도 포함(부상자 구조, 작업자의 재배치, 재교육훈련, 재해조사 소비시간, 병원 수송, 면담시간 등)

② 물적 손실로서 기계, 공구, 재료, 시설의 복구에 소비된 시간 손실과 재산 손실

③ 생산 감소, 생산중단, 판매 감소 등에 의한 생산 손실

④ 근로자의 신규채용, 교육 훈련비, 섭외비 등에 의한 특수 손실

⑤ 기타 입원 중의 잡비, 장의 비용, 병상 위문금 등

위에서 살펴본 바와 같이 간접 비용을 정확하게 산정하기가 쉽지 않다. 일반적으로 하인리히 방법에서는 직접비를 산정하고 간접비는 직접비의 4배로 계산한다. 이를 하인리히의 1 : 4원칙이라 한다.

우리나라에서는 재해 손실을 산정할 때 주로 하인리히 방법을 적용한다. 유사한 방법으로 산정하지만 구체적으로 제시하면 다음과 같다.

① **직접 손실** : 법정 보상액(치료비, 휴업 보상비, 장해 보상비, 유족 보상비, 장례비)과 회사 취업규칙에 명시된 보상비

② **간접 손실**(재산 손실, 생산 중단 등으로 기업이 입은 손실)

- 인적 손실
  - 본인 인적 손실 : 사고 당일 본인의 시간 손실, 휴업기간 중의 근로시간 손실
  - 제 3자의 인적 손실 : 사고 당일 구조, 복구, 정리 등에 소요된 근로시간 손실
- 물적 손실 : 건물 설비 등의 손실기계, 기구, 공구 등의 손실
- 생산 손실 : 생산 감소, 생산 중단, 판매 감소 등
- 특수 손실 : 근로자의 신규채용, 교육훈련비, 섭외비 등

이와 같은 손실을 고려하여 재해 손실(=직접 손실+간접 손실)을 산정하며 간접비의 산출이 어려울 경우에 하인리히의 1 : 4원칙을 적용하여 산정한다.

(2) 시몬즈(R.H. Simonds) 방법

하인리히 방법에서는 직접손실과 간접손실을 구분하여 재해 손실을 산정하였으나 시몬즈는 보험비용과 비보험비용으로 구분하여 산정하는 방법을 제안하였다.

재해손실비용=보험비용+비보험비용

보험비용은 보험금 총액에 보험회사와 관련된 경비와 이익금의 합으로 산정한다. 비보험비용은 다음과 같이 산정한다.

비보험비용=[휴업 상해 건수×A]+[통원 상해 건수×B]
+[응급조치 건수×C]+[무상해사고 건수×D]

여기서 A, B, C, D는 장애 정도에 의한 비보험 비용의 평균값이다. 그 재해사고 내용을 표 2.8에 수록하였다.

표 2.8 재해사고

분 류	내 용
휴업상해(A)	영구 부분 노동 불능, 일시 전노동 불능
통원상해(B)	일시 부분 노동 불능, 의사의 조치를 요하는 통원 상해
응급처치(C)	20달러 미만의 손실 또는 8시간 미만의 휴업손실 상해
무상해사고(D)	의료조치를 필요로 하지 않는 경미한 상해, 사고 및 무상해 사고(20달러 이상의 재산손실 또는 8시간 이상의 손실사고)

비보험 비용 항목은 다음과 같다.

① 제 3자가 작업을 중지한 시간에 대해 지불한 임금손실

② 재해에 의해 손상을 받은 재료와 설비 수선, 교체와 철거를 한 순손실비용

③ 보험 보상이 되지 않은 부상자의 작업하지 않은 시간에 지불된 임금

④ 재해에 의한 시간 외 근로에 대한 특별 지불임금

⑤ 부상자를 대신한 신입 근로자의 교육 훈련비

⑥ 보험에서 부담하지 않은 회사 의료 비용부담

⑦ 재해조사와 보험 관계 사무에 필요한 감독자와 관계 근로자가 소모한 시간비용

⑧ 부상자의 직장 복귀 후 생산 감소에 의한 임금비용

(3) 콤페스(P.C. Compes) 방법

독일의 콤페스는 재해손실비용을 공동비용과 개별비용으로 구분하여 산정하는 방법을 제안하였다.

재해손실비용＝공동비용＋개별비용

여기서 보험료, 안전부서의 유지관리 비용 등을 공동비용으로 산정하였고, 작업손실비, 개선비, 수리비 등을 개별비용으로 산정하였다.

사업주와 근로자가 꼭 알아야 할

산업현장 안전보건수칙 10계명

* 작업 근로자들은 신체에 이상 증상이 나타나면 관리자에게 보고, 의사 진료 및 고용노동부에 통보하여야 합니다.

(안전보건공단)

1

사업주는 **작업 전 안전점검**을 하도록 하고, 작업하는 장소를 항상 청결하게 **정리정돈** 해야 합니다.

2

사업주는 작업장으로 통하는 장소 또는 작업장 내에 **안전통로를 확보**해야 합니다.

3

사업주는 작업에 적합한 **개인 보호구를 지급**하고 근로자는 반드시 **착용**해야 합니다.

4

사업주는 전기작업 시 **접지**를 하고 각각의 사용목적에 적합한 **절연용 보호구**를 근로자에게 지급하여 착용하도록 해야 합니다.

5

사업주는 **기계·설비 정비시** 기동 장치에 **잠금장치를** 하고 **표지판**을 부착해야 합니다.

6

사업주는 **유해·위험 화학물질**을 취급하는 경우 용기 등에 **경고 표지를** 부착해야 합니다.

7

사업주는 프레스, 전단기, 압력 용기 등 **유해 위험 기계·기구를 사용**할 때에는 적합한 방호장치를 설치해야 합니다.

8

사업주는 근로자가 **추락**하거나 넘어질 위험이 있는 장소에는 **안전 난간, 개구부 덮개** 등을 설치해야 합니다.

9

사업주는 금속의 **용접·용단** 등의 작업 시 **인화성·폭발성 물질을 격리**해야 합니다.

10

사업주는 근로자가 **밀폐공간**에서 작업하는 경우 **작업 전·작업 중 산소농도** 등을 측정해야 합니다.

건설업 안전보건관리 10계명(안전보건공단)

1

작업 전 안전점검과 **작업 중 정리 정돈** 상태를 확인하여 위험을 사전에 제거 또는 통제한 후 작업 하는 것을 습관화해야 합니다.

2

사업주는 근로자가 노출될 수 있는 유해 위험요인으로부터 보호가 되도록 안전모, 안전화, 안전대 등 적정 **개인보호구**를 지급하고 착용하도록 하여야 합니다.

3

떨어짐 위험 작업 시에는 폭 40cm 이상의 견고한 **작업발판**을 설치 하고, 측면에는 적합한 **안전난간**을 설치하여 떨어짐 재해를 예방 하여야 합니다.

4

건설장비는 장비종류 및 능력, 작업방법, 운행경로가 포함된 **작업계획서**를 반드시 작성하여 이행하고 **유도자**를 배치하여야 합니다.

5

개구부에는 충분한 강도를 지닌 **덮개**를 뒤집히거나 떨어지지 않도록 설치하고, 어두운 장소 에서도 식별이 가능하도록 **표시**를 하여야 합니다.

6

감전재해를 예방하기 위해서는 가설전기의 **접지**상태 및 **누전 차단기** 작동여부 등을 확인하고 필요 시 정전 후 작업을 실시하 여야 합니다.

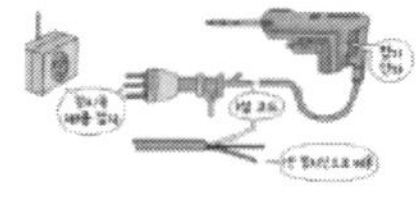

7

떨어짐 위험이 있는 장소에서 작업발판 설치가 곤란한 경우 에는 추락방지용 **안전방망**을 작업 면에서 가까운 지점에 설치하여야 합니다.

8

거푸집 동바리 조립 및 해체 작업 시에는 거푸집 동바리 구조 검토 후 **조립도**를 작성하고, 이를 준수 하여 작업을 실시하여야 합니다.

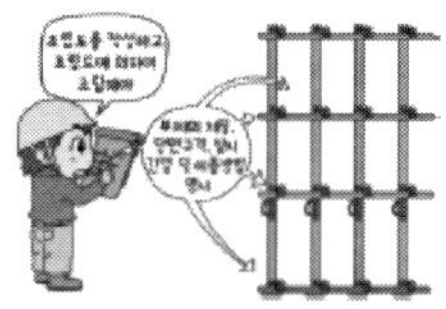

9

사다리 설치 시 **견고한 구조, 일정 답단** 간격 유지, 걸침 부위 **60cm이상** 여장 확보, 벌어짐 및 전도방지 조치를 하여야 합니다.

10

비계 작업 시에는 벽 연결을 규정 대로 설치하고 **최대 적재하중**을 준수하며 해체 시 작업순서를 정하여 **관리감독자가 지휘**하여야 합니다.

MEMO

INDUSTRIAL SAFTY MANAGEMENT

CHAPTER

03

안전 점검 · 진단 · 검사

CONTENTS

SECTION 3.1 | 안전 점검 ·· 75

SECTION 3.2 | 안전 진단 ·· 78

SECTION 3.3 | 안전 검사와 인증 ································ 81

CHAPTER

03 안전 점검 · 진단 · 검사

INDUSTRIAL SAFETY MANAGEMENT

3.1 안전 점검

안전을 확보하기 위해 사람과 설비의 상태를 파악해야 한다. 인간의 불안전한 행동이나 설비의 불안전한 상태에서 발생되는 결함을 사전에 파악하여 안전대책을 세우는 활동을 안전 점검이라 한다.

불안전한 상태의 기계설비란 기계의 설계, 제작, 운전, 보전, 수리 등의 과정에서 인간의 착오에 의해 불안전한 상태의 위험요인이 내재될 수 있다. 또한 인간의 불안전한 행동에 의한 인적인 문제가 위험요인일 수도 있다. 안점 점검은 설비의 안전 확보, 설비의 안전상태 유지 및 본래의 성능 유지, 인적 안전행동 유지, 합리적인 생산관리를 위해 실시되어야 한다.

물적인 측면이나 작업적인 측면으로부터 위험인자의 불안전한 사항이 나쁜 상황과 겹치면 재해사고가 발생한다. 재해를 예방하기 위해 안전 점검이 필요하며 이 때 현상을 자세히 관찰 · 분석하여 이상 유무를 파악해야 한다. 어떤 위험이 내재하고 있는가, 어떤 결과를 초래할 것인가를 자신의 경험, 지식, 사례 등을 통해서 점검해야 한다. 안전 점검은, ① 실태 파악, ② 결함 발견, ③ 대책 결정, ④ 대책 실시 순서로 수행하며 불안전한 상태가 발견되면 즉시 시정해야한다.

안전 점검의 대상은, ① 관리 운영과 작업 방법에 대한 사업장의 전반적인 문제, ② 설비에 관한 문제로 구분할 수 있다. 전반적인 문제로는 안전관리 조직체제, 안전 활동, 안전 교육, 안전 점검 등이 계획대로 가동 또는 진행되고 있는가, 설비에 관한 문제로는 작업 환경, 안전 장치, 보호구, 정리정돈, 위험물 방화관리 등이 정상적으로 갖추어졌는가에 대한 점검이다.

안전 점검에서 점검 대상의 중요도나 작업 내용의 특성에 의해 사업장 마다 점검 주기가 있다. 주기를 기준으로 안전 점검의 종류는 수시 점검, 정기 점검, 특별 점검, 임시 점검으로 구분할 수 있으며 그 내용을 요약하여 표 3.1에 나타냈다.

안전 점검 방법에는 시각 · 촉각 등으로 검사(기기의 적정 배치, 설치 상태, 균열, 손상, 부식 등)

하는 육안 점검(외관 점검), 간단한 조작에 의한 대상 기기의 기능을 판단하는 기능 점검, 안전 장치, 누전 차단 장치 등을 정해진 순서로 작동시켜 그 상황 여부를 판단하는 기기 점검(작동 점검), 규정에 의해 측정, 검사 등 설비의 종합적인 상태를 점검하는 정밀 점검(종합점검) 등이 있다.

표 3.1 안전 점검의 종류

종 류	내 용
수시 점검 (일상 점검)	• 작업 시작과 종료, 작업 중 점검 • 시설과 작업 동작을 점검 • 현장 감독자, 작업 주임이 맡은 공정, 설비 등
정기 점검 (계획 점검)	• 일정기간마다 정기적으로 실시하는 점검 • 담당분야별로 매주, 또는 매월 1회 점검 • 작업책임자가 기계설비의 안전상 중요 부분의 피로, 마모, 손상, 부식 등 장치의 변화 유무
특별 점검	• 기계 · 기구 · 설비의 신설이나 변경, 고장 수리 시에 실시하는 점검 • 천재지변 발생 후에 실시 • 안전 강조 기간 내에 실시
임시 점검	• 이상 발견 시에 실시 • 정기 점검과 정기 점검사이에 실시

안전 점검을 효율적으로 수행하기 위해 기준이 제시된 점검표(check list)에 의해 실시한다. 점검표에 포함되어야 할 항목은 다음과 같다.

① 점검 대상

② 점검 부분(점검 개소)

③ 점검 항목(점검 내용 : 마모, 균열, 부식, 파손, 변형 등)

④ 점검 주기 또는 기간(점검 시기)

⑤ 점검 방법 : 육안 점검, 기능 점검, 기기 점검, 정밀 점검

⑥ 판정 기준 : 자체 검사 기준, 법령에 의한 기준, KS 기준 등

⑦ 조치사항 : 점검 결과에 따른 결함의 시정 사항

사업장에서 재해 사고를 예방하기 위해 적합한 점검표가 필요하며 점검표를 작성할 때 유의 사항은 다음과 같다.

① 사업장에 적합한 독자적인 내용

② 중점도가 높은 것부터 순서대로 작성(예 위험성이 높은 순서, 혹은 긴급을 요하는 순서)

③ 정기적으로 검토하여 재해방지에 실효성 있게 개조된 내용(관계자 의견 청취)

④ 일정 양식을 정하여 점검 대상 결정

⑤ 점검표의 내용을 이해하기 쉽도록 표현하고 구체적으로 제시

안전 점검의 실시 방법에서 라인의 관리 및 감독자, 작업 주임자 및 안전관리자가 주체가 되어 실시하며 수시 점검의 경우에 작업자가 실시한다. 안전관리자가 실시하는 안전 점검은 법령에 의해 의무 사항 이행 여부와 라인 각 층에 의한 안전 점검 실시 상황과 누락 사항을 점검해야 한다. 점검자와 점검 대상에 대한 사항을 표 3.2에 제시하였다.

표 3.2 점검자와 그 대상

점검자	점검대상
공장장	• 생산의 양 및 질의 변화가 작업의 안전에 미치는 영향 • 공장설비의 레이아웃(lay out)의 적합 여부 • 작업방법의 기계화 · 자동화 가능성 • 안전기본시책의 실시 상황 • 현장 간부의 안전에 관한 인식 정도
안전관리자	• 법령에 정해진 사항 • 방호장치, 보호구 등의 점검 및 정비
부장 · 과장	• 관장하는 작업 전반에 대한 안전 사항
현장 감독자	• 관장하는 직장 전반에 대한 안전 사항
작업자	• 본인이 취급하는 모든 기계기구의 기능에 대한 적합여부(작업 전 점검)

효과적인 안전 점검을 실시하기 위해 점검할 때에 항상 문제의식을 갖고 수행한다. 불안전한 상태를 과소평가하지 않고 일상 모임 등에서 점검에 대한 관심을 갖도록 노력해야 한다. 점검 항목을 빠뜨리지 않고 이상이나 결함을 확인해야 하며 점검 계획에 따라 분담을 정하면 효율적이다. 점검 결과, 발견된 상태의 이상 요인에 대해 시정조치를 취하고 재확인한다. 과거에 발생한 이상, 고장, 사고 장소 등은 특별히 주의하여 점검할 필요가 있다.

안전 점검을 수행할 때 유의할 사항에 대해 알아보자.

① 안전 점검을 형식, 내용의 변화를 부여하여 몇 가지 점검 방법을 병용한다.

② 점검자의 능력을 감안하여 점검을 실시한다.

③ 과거의 재해 발생 개소에 대해 그 원인이 완전히 제거되었는지 확인한다.

④ 불량 개소가 발견되면 다른 동종 설비에 대해서도 점검한다.

⑤ 발견된 불량 개소는 원인을 조사하고 즉시 필요한 대책을 취한다. 대책에 대해 관리자 측에서 먼저 실시하도록 한다. 대책이 완료되면 신속하게 관계부서로 연락과 보고를 취한다.

⑥ 사소한 사항이라도 중대사고로 연결될 수 있으므로 간과해서는 안 된다.

⑦ 안전 점검은 안전 수준의 향상을 목적으로 한다. 결점의 지적이나 감찰적인 태도는 지양한다.

안전 점검 작업은 비정상적인 작업이므로 정상 작업과 차이점이 있다. 작업 시간이 비교적 짧은데 비해 작업 내용의 종류는 많기 때문에 위험에 노출될 기회가 빈번하다. 일반 기계설비 구조는 정상 작업을 대상으로 한다. 기계 설비를 운전하면서 점검할 때 가동 부분에 접촉으로 인한 위험이 있다. 작업자의 자격, 작업 범위가 불명확하면 불안전한 행동이 유발되므로 안전작업에 주의해야 한다.

3.2 안전 진단

안전 점검은 자체 인력에 의한 정기적인 평가 활동이지만 안전 진단은 외부 전문가를 선정하여 사업장 스스로 실시하는 자율 진단과 중대 재해 등이 발생하여 명령에 의한 진단으로 구분하여 실시한다.

자율 진단을 실시하는 경우에 다음과 같은 상황일 때 통상적으로 시행한다.

① 계속적으로 안전 활동을 실시하고 있으나 사업장의 안전 성적이 향상되지 않을 때 객관적인 안전 진단을 위해 외부 전문가나 기관에 의뢰하여 시행한다.

② 안전 활동을 통해 안전 성적이 향상되다가 정체되는 경우와 새로운 안전 대책이 필요한 경우에 시행한다.

③ 안전 활동을 시행하여 사고가 발생하지 않아 안전에 둔해질 수 있다. 이때는 유사한 타 사업장의 안전 활동과 비교하여 철저한 안전을 확보하기 위해 시행한다.

④ 사업장의 확충, 증축이나 유사한 동종 업종을 신설하는 경우에 현 사업장의 안전 활동이 적절한지 판단하여 적용여부를 결정할 필요가 있을 때 시행한다.

명령에 의한 진단은 고용노동부장관이 지정한 진단기관에서 실시한다.

① 중대재해(사업주가 안전 · 보건조치의무를 이행하지 않아서 발생한 중대재해만 해당됨)가 발생한 사업장이 해당된다. 단, 그 사업장의 연간 산업재해율이 같은 업종의 규모별 평균 산업 재해율을 2년간 초과하지 않은 사업장은 제외한다.

② 안전 · 보건 개선 계획 수립 · 시행 명령을 받은 사업장

③ 추락 · 폭발 · 붕괴 등 재해 발생 위험이 현저히 높은 사업장으로 지방노동관서의 장이 안전 · 보건 진단이 필요하다고 인정하는 사업장

안전 · 보건 진단에는 종합 진단, 안전기술 진단, 보건기술 진단이 있으며 이들 내용을 표 3.3에 수록하였다.

표 3.3 안전 · 보건 진단의 종류와 그 내용

종류	진단내용
종합진단	1. 경영 · 관리적 사항에 대한 평가 가. 산업재해 예방계획의 적정성 나. 안전 · 보건 관리조직과 그 직무의 적정성 다. 산업안전보건위원회 설치 · 운영, 명예 감독관의 역할 등 근로자의 참여 정도 라. 안전보건관리규정 내용의 적정성
	2. 산업재해 또는 사고의 발생원인(산업재해 또는 사고가 발생한 경우만 해당한다) 3. 작업조건 및 작업방법에 대한 평가 4. 유해 · 위험요인에 대한 측정 및 분석 가. 기계 · 기구 또는 그 밖의 설비에 의한 위험성 나. 폭발성 · 물반응성 · 자기반응성 · 자기발열성 물질, 자연발화성 액체 · 고체 및 인화성 액체 등에 의한 위험성 다. 전기 · 열 또는 그 밖의 에너지에 의한 위험성 라. 추락, 붕괴, 낙하, 비래 등으로 인한 위험성 마. 그 밖에 기계 · 설비 · 장치 · 구축물 · 시설물 · 원재료 및 공정 등에 의한 위험성 바. 허가 대상유해물질, 고용노동부령으로 정하는 관리 대상 유해물질 및 온도 · 습도 · 환기 · 소음 · 진동 · 분진, 유해광선 등의 유해성 또는 위험성

	5. 보호구, 안전 · 보건장비 및 작업환경 개선시설의 적절성 6. 유해물질의 사용 · 보관 · 저장, 물질안전보건자료의 작성, 근로자 교육 및 경고표시 부착의 적정성 7. 그 밖에 작업환경 및 근로자 건강 유지 · 증진 등 보건관리의 개선을 위하여 필요한 사항
안전기술 진단	1. 산업재해 또는 사고의 발생원인(산업재해 또는 사고가 발생한 경우만 해당한다.) 2. 작업조건 및 작업방법에 대한 평가 3. 유해 · 위험요소에 대한 측정 및 분석 가. 기계 · 기구 또는 그 밖의 설비에 의한 위험성 나. 폭발성 · 물반응성 · 자기반응성 · 자기발열성 물질, 자연발화성 액체 · 고체 및 인화성 액체 등에 의한 위험성 다. 전기 · 열 또는 그 밖의 에너지에 의한 위험성 라. 추락, 붕괴, 낙하, 비래 등으로 인한 위험성 마. 그 밖에 기계 · 기구 · 설비 · 장치 · 구축물 · 시설물 · 원재료 및 공정 등에 의한 위험성
보건기술 진단	1. 산업재해 또는 사고의 발생원인(산업재해 또는 사고가 발생한 경우만 해당한다.) 2. 작업조건 및 작업방법에 대한 평가 3. 유해 · 위험요인에 대한 측정 및 분석 허가 대상 유해물질, 고용노동부령으로 정하는 관리 대상 유해물질 및 온도 · 습도 · 환기 · 소음 · 진동 · 분진, 유해광선 등의 유해성 또는 위험성 4. 유해물질의 사용 · 보관 · 저장, 물질안전보건자료의 작성, 근로자 교육 및 경고표시 부착의 적정성 5. 그 밖에 작업환경 및 근로자 건강 유지 · 증진 등 보건관리의 개선을 위하여 필요한 사항

안전 진단은 직장별, 작업별, 기계별, 작업환경별로 각 전문가에 의해 수행되어야 한다. 진단 책임자는 관습, 제도 등에 얽매이지 않고 객관적으로 고찰하고 진단해야 한다. 진단은 사고재해에 대한 통계기록에 의해 재해 특성을 파악하여 전반적인 추이를 살펴보아야 한다. 재해조사를 위해서는 최근 3~5년 동안의 기록이 필요하며 이들 기록에 의해 재해 도수율, 재해 강도율, 안전 활동률 등을 파악한다. 안전 계획실시 평가분석에는 최근 3년간의 기록에 의해 수행한다.

3.3 안전 검사와 인증

(1) 안전 검사

사업장에서 사용하는 유해하거나 위험한 기계나 기구, 설비나 제품 등이 목적에 맞도록 유지되고 성능을 발휘하는지 검사받는 것을 안전 검사라 한다. 유해 · 위험기계 등을 사용하는 사업주와 소유자가 다른 경우에 소유자가 안전 검사를 받아야 한다. 안전 검사는 검사 기관에 의뢰하여 육안이나 타진 검사, 또는 장비를 이용하여 검사를 수행한다.

안전 검사를 위해서는 고용노동부장관이 정하는 검사 대상물에 대해 정기적으로 해당 기계, 기구, 설비에 대해 성능의 정상 여부를 점검하는 것을 말한다. 안전 검사를 실시하고 그 결과를 기록 · 보존해야 한다.

안전 검사의 목적은 ① 산업재해 예방, ② 쾌적한 작업환경 조성, ③ 근로자의 안전 유지, ④ 기계 · 기구 · 설비 등의 성능 보장이며 이를 통해서 안전을 확보해야 한다. 고용노동부법령이 정하는 안전 검사 대상인 유해 · 위험기계의 종류는 다음과 같다.

① 프레스

② 전단기

③ 크레인(이동식 크레인과 정격하중 2톤 미만인 호이스트 제외)

④ 리프트

⑤ 압력용기

⑥ 곤돌라

⑦ 국소배기장치(이동식 제외)

⑧ 원심기(산업용)

⑨ 화학설비 및 그 부속설비

⑩ 건조설비 및 그 부속설비

⑪ 롤러기(밀폐형 구조 제외)

⑫ 사출성형기(형체결력 294kN 제외)

사진 1 안전검사 대상 기계 · 기구 예(안전보건공단)

안전 검사 대상 품목에 대해서는 주기적으로 검사를 실시하고 그 주기는 다음과 같다.

표 3.4 안전 검사 주기

구 분	검사주기
크레인 리프트 곤돌라	사업장에서 설치가 끝난 날부터 3년 이내에 최초 안전 검사를 실시하되, 그 이후부터 2년마다(건설 현장에서 사용하는 것은 최초로 설치한 날부터 매 6개월)
그 밖의 유해 · 위험기계 등	사업장에서 설치가 끝난 날부터 3년 이내에 최초 안전 검사를 실시하되, 그 이후부터 2년마다(공정안전보고서를 제출하여 확인을 받은 압력용기는 4년)

자율 검사 프로그램에 의해 안전 검사를 실시할 수 있다. 그 절차는 그림 3.1과 같으며 자율 검사 프로그램에 의한 유효기간은 2년이다. 그리고 자율 프로그램을 이용하여 안전 검사를 인정받기 위해서는 다음과 같은 요건을 갖추어야 한다.

그림 3.1 자율 검사 프로그램 절차

① 자격을 갖춘 검사원을 고용할 것

② 검사 장비를 갖추고 유지 · 관리를 할 것

③ 안전 검사 주기에 따른 검사 주기의 2분의 1에 해당하는 주기(크레인 중 건설현장 외에서 사용하는 크레인의 경우에 6개월)마다 검사를 실시할 것

④ 자율 검사 프로그램의 검사 기준이 안전 검사 기준을 충족할 것

(2) 안전 인증

유해 · 위험한 기계 · 기구, 방호장치 및 보호구에 대하여 제조 단계에서부터 근원적인 안전성과 신뢰성이 확보된 제품이 제조, 유통 및 사용되도록 안전인증기관을 통해 안전 인증을 실시한다. 이는 산업재해로부터 귀중한 인명과 재산을 보호하기 위한 제도이며, 안전 인증 기준에 만족하는 제품에는 KCs 마크를 표시한다. 고용노동부장관은 유해하거나 위험한 기계 · 기구 · 설비 및 방호장치 · 보호구의 안전성을 평가하기위해 안전에 관한 성능과 제조자의 기술능력 및 생산체계 등에 관한 안전 인증 기준을 정한다.

안전사고 발생 시 큰 재해로 이어질 수 있는 기인물, 혹은 가해물에 대하여 안전 인증을 받도록 산업안전보건법에 명시되어 있다. 그 대상을 안전 인증 대상 기계, 기구 등이라고 부르며 크게 (1) 기계, 기구 및 설비, (2) 방호장치로 구분하며 표 3.5에 수록하였다. 또한 안전 인증 절차는 의무 안전 인증과 자율 안전 확인으로 구분하여 시행하며 그 절차를 그림 3.2에 제시하였으며 표 3.5에 구분하여 수록하였다. 보호구에 대한 제품도 안전 인증 대상과 자율 안전 확인 대상으로 구분하여 인증을 받아야 하며 이에 대한 사항은 보호구에서 별도로 다룬다.

표 3.5 안전 인증 대상 기계 · 기구

구분	의무 안전 인증 대상	자율 안전 확인 대상	안전검사대상 유해 · 위험 기계
기계 · 기구 및 설비	① 프레스 ② 전단기 및 절곡기 ③ 크레인 ④ 리프트 ⑤ 압력용기 ⑥ 롤러기 ⑦ 사출성형기 ⑧ 고소작업대 ⑨ 곤돌라 ⑩ 기계톱 (이동식만 적용)	① 연삭기 또는 연다기(휴대용 제외) ② 산업용 로봇 ③ 혼합기 ④ 파쇄기 또는 분쇄기 ⑤ 식품가공용 기계(파쇄 · 절단 · 혼합 · 제면기만 해당) ⑥ 컨베이어 ⑦ 자동차정비용 리프트 ⑧ 공작기계(선반, 드릴기, 평삭 · 형삭기, 밀링만 해당) ⑨ 고정용 목재가공용기계(둥근톱, 대패, 루타기, 띠톱, 모떼기 기계만 해당) ⑩ 인쇄기 ⑪ 기압조절실	① 프레스 ② 전단기 ③ 크레인(이동식 크레인과 정격하중 2톤 미만인 호이스트는 제외) ④ 리프트 ⑤ 압력용기 ⑥ 곤돌라 ⑦ 국소배기장치(이동식 제외) ⑧ 원심기(산업용한정) ⑨ 화학설비 및 그 부속설비 ⑩ 건조설비 및 그 부속설비 ⑪ 롤러기(밀폐형구조 제외) ⑫ 사출성형기 (형체결력 294kN 미만은 제외)
방호장치	① 프레스 및 전단기방호장치 ② 양중기용 과부하방지장치 ③ 보일러 압력방출용 안전밸브 ④ 압력용기 압력방출용 안전밸브 ⑤ 압력용기 압력방출용 파열판 ⑥ 절연용방호구 및 활선작업용 기구 ⑦ 방폭구조 전기기계 · 기구 및 부품 ⑧ 추락 · 낙하 및 붕괴 등의 위험방호에 필요한 가설기자재로서 고용노동부장관이 정하여 고시하는 것	① 아세틸렌 용접장치용 또는 가스 집합 용접 장치용 안전기 ② 교류아크 용접기용 자동전격방지기 ③ 롤러기 급정지장치 ④ 연삭기 덮개 ⑤ 목재가공용 둥근톱 반발예방장치와 날 접촉예방장치 ⑥ 동력식 수동대패용 칼날 접촉방지장치 ⑦ 산업용 로봇안전매트 ⑧ 추락 · 낙하 및 붕괴 등의 위험방호에 필요한 가설기자재(의무안전 인증대상 기계 · 기구에 해당되는 사항제외) 로서 고용노동부장관이 정하여 고시하는 것	

사진 2 안전 인증 대상 기계 · 기구 예(안전보건공단)

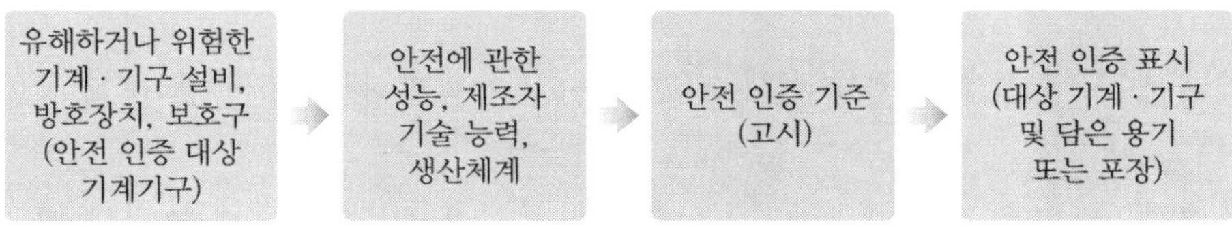

(a) 의무 안전 인증 절차

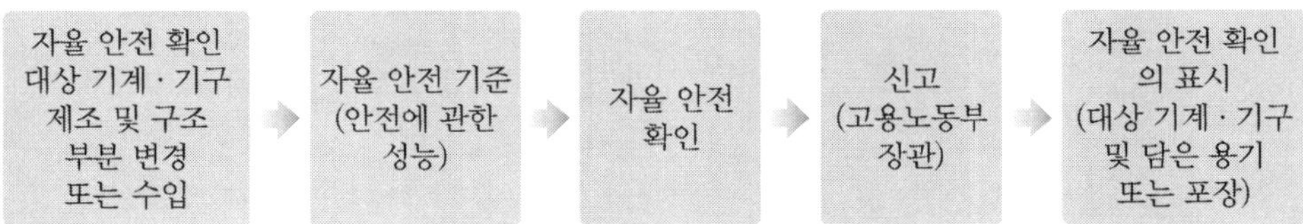

(b) 자율 안전 확인 절차

그림 3.2 안전 인증 절차

안전 인증 면제 대상으로는 ① 연구 개발을 목적으로 제조 수입하거나 수출을 목적으로 제조하는 경우, ② 고용노동부장관이 정하여 고시하는 외국의 안전 인증기관에서 인증을 받은 경우, ③ 다른 법령에서 안전성에 관한 검사나 인증을 받은 경우이다.

안전 인증의 취소 및 사용금지 또는 개선 대상으로는 ① 거짓이나 그 밖의 부정한 방법으로 안전 인증을 받은 경우, ② 안전 인증을 받은 안전 인증 대상 기계 · 기구 등의 안전에 관한 성능 등이 안전 기준에 맞지 아니한 경우, ③ 정당한 사유 없이 안전 인증 기준 준수 여부의 확인(확인 주기 : 3년 이하의 범위)을 거부, 기피 또는 방해하는 경우이다.

안전 인증 기관의 지정 취소 등의 사유로는 ① 안전 인증 · 확인의 방법 및 절차를 위반한 경우, ② 고용노동부장관의 지도 · 감독을 거부 · 방해 · 기피한 경우, ③ 정당한 사유 없이 안전 인증 업무를 거부한 경우, ④ 안전 인증 업무를 게을리 하거나 차질을 일으킨 경우이다.

안전 인증 심사의 종류 및 방법에 대해서 표 3.6에 제시하였으며 안전 인증 제품과 자율 안전 확인 제품에 표시되어야할 사항에 대해서는 5장에 기술하였다.

표 3.6 안전 인증 심사의 종류 및 방법

<table>
<tr><th>종류</th><th colspan="3">방법</th><th>심사 기간</th></tr>
<tr><td>예비심사</td><td colspan="3">기계 · 기구 및 방호장치 · 보호가 안전 인증 대상기계 · 기구 등인지를 확인하는 심사(안전 인증을 신청한 경우만 해당)</td><td>7일</td></tr>
<tr><td>서면심사</td><td colspan="3">안전 인증 대상기계 · 기구 등의 종류별 또는 형식별로 설계도면 등 안전 인증 대상기계 · 기구 등의 제품 기술과 관련된 문서가 안전 인증기준에 적합한지 여부에 대한 심사</td><td>15일
(외국에서 제조한 경우 30일)</td></tr>
<tr><td>기술능력 및 생산체계 심사</td><td colspan="3">안전 인증 대상기계 · 기구 등의 안전성능을 지속적으로 유지 · 보증하기 위하여 사업장에서 갖추어야할 기술 능력과 생산체계가 안전인증기준에 적합한지에 대한 심사, 다만, 수입자가 안전인증을 받거나 제품심사에서의 개별 제품심사를 하는 경우에는 기술능력 및 생산체계심사를 생략</td><td>30일
(외국에서 제조한 경우 45일)</td></tr>
<tr><td rowspan="2">제품심사</td><td rowspan="2">안전 인증 대상기계 · 기구 등의 안전에 관한 성능이 안전 인증 기준에 적합한지에 대한 심사 (두 가지 심사 중 어느 하나만을 받는다.)</td><td>개별 제품 심사</td><td>서면심사결과가 안전 인증기준에 적합할 경우에 하는 안전 인증 대상기계 · 기구 등 모두에 대하여 하는 심사 (서면심사와 개별 제품심사를 동시에 할 것을 요청하는 경우 병행하여 할 수 있다.)</td><td>15일</td></tr>
<tr><td>형식별 제품 심사</td><td>서면심사와 기술능력 및 생산체계 심사결과가 안전 인증 기준에 적합할 경우에 하는 안전 인증 대상기계 · 기구 등의 형식별로 표본을 추출하여 하는 심사(서면심사, 기술능력 및 생산체계 심사와 형식별 제품심사를 동시에 할 것을 요청하는 경우 병행하여 할 수 있다.)</td><td>30일
(방폭구조 전기 기계기구 및 부품과 일부 보호구는 60일)</td></tr>
</table>

CHAPTER

04

무재해 운동

CONTENTS

SECTION 4.1 | 재해 운동의 정의와 목적 ………… 89
SECTION 4.2 | 무재해 운동의 3원칙 ………………… 90
SECTION 4.3 | 무재해 운동의 3요소 ………………… 91
SECTION 4.4 | 무재해 운동의 성과 ………………… 92
SECTION 4.5 | 무재해 운동의 실천 방법 ………… 93

CHAPTER

04 무재해 운동

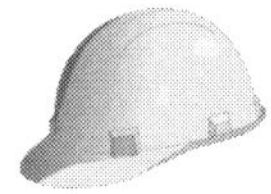

INDUSTRIAL SAFETY MANAGEMENT

4.1 재해 운동의 정의와 목적

무재해란 근로자가 상해를 입을 소지가 있는 위험요소가 없는 상태를 말한다. 무재해 운동이란 인간존중의 이념을 바탕으로 경영자, 관리감독자, 근로자 등 사업장의 전원이 적극적으로 참여하여 작업현장의 안전과 보건을 선취하여 일체의 산업재해를 근절하며 인간중심의 밝고 활기찬 직장풍토를 조성하는 것(목적)이다. 또한 고용노동부의 무재해 운동에 대한 정의는 사업주와 근로자가 다 같이 참여하여 자율적인 산업재해예방 운동을 전개함으로써 재해예방 의식을 고취하고 나아가 산업재해를 근절하기 위한 운동이라고 말한다.

무재해란 '무재해 운동 사업장에서 근로자가 업무에 기인하여 사망 또는 4일 이상의 요양을 요하는 부상 또는 질병에 이환되지 않는 것이다'라고 정의되어 있다.

무재해 운동의 적용 사업장은 ① 안전관리자를 선임해야 할 사업장(상시 근로자 50명 이상인 사업장), ② 건설공사의 경우에 도급 금액 10억 이상 건설 현장, ③ 해외건설공사의 경우에 상시 근로자수 500명 이상이거나 도급 금액 1억불 이상인 건설현장이다.

무재해 시간의 산정은 무재해 운동이 개시되면 그 시점부터 누적되어 가는 것으로 다음 식에 의해 산정한다.

$$무재해\ 시간 = 실근로자\ 수 \times 실근무시간$$

실근로시간의 관리가 어려운 경우에 1일 8시간을 적용하고 건설업의 경우에만 1일 10시간을 적용한다. 무재해 일수는 휴업 일수를 제외한 실근로일수를 말하고 건설업 이외의 300인 미만 사업장은 무재해 시간 또는 무재해 일수를 택일하여 목표로 한다. 다만 무재해 일수로 산정하는 경우에 해당사업장 전체 근로자 중 절반 이상의 근로자가 근로한 경우에 한하여 무재해 일수에 포함시킨다.

사업장에서는 무재해 1배수 목표시간을 설정하는 경우에 재해율을 기준으로 계획한다.

$$\text{무재해 목표시간(배수)} = \frac{\text{연간 총 근로시간}}{\text{연간 총 재해자수}}$$
$$= \frac{\text{연평균 근로자수} \times \text{1인당 연평균 근로시간}}{\text{연간총 재해자수}}$$
$$= \frac{\text{1인당 연평균 근로시간} \times 100}{\text{재해율}}$$

여기서 연평균 근로시간은 고용노동부 사업체 임금 근로시간 조사 자료를 적용하고 재해율은 최근 5년간 평균 재해율을 적용한다.

4.2 무재해 운동의 3원칙

(1) 무의 원칙

무재해란 단순히 사망재해나 사고만 없으면 된다는 소극적인 사고(思考)가 아니고, 불휴 재해는 물론 사고로 연결될 수 있는 사업장 내에 숨어있는 모든 위험 요인을 적극적으로 사전에 발견, 파악, 해결함으로써 근원적으로 산업재해를 없애자는 것이다.

사람은 물(物)이 아니므로 누구 하나 다치게 하거나 죽게 할 수는 없다고 하는 인간애가 무(無)의 의미이다. 무재해, 무질병이라는 것은 바로 개개인을 소중히 여긴다는 사람 존중의 이념, 그 자체이다. 특히 경영자가 "누구 한 사람도 상해를 입지 않게 하겠다"는 철학과 소신이 중요하다.

(2) 선취(先取)의 원칙

선취란 무재해, 무질병의 직장을 실현하기 위한 궁극의 목표로서 산업현장에 잠재해 있는 모든 위험요인을 행동하기 전에 발견, 파악, 해결하여 재해를 예방하거나 방지하는 것을 말한다.

모든 직원이 하겠다는 의욕을 가지고 자주적으로 안전보건활동에 참가하여야 한다. 무재해, 무질병을 지향하여 다함께 하자는 의욕으로 안전보건을 선취해 나갈 뿐만 아니라 밝고 활기에 넘친 직장 풍토를 조성해 나가는 의지, 그것이 곧 무재해 운동인 것이다.

(3) 참가(參加)의 원칙

참가란 현장 작업에 따르는 잠재적인 위험요인을 사전에 발견, 해결하기 위한 것이다. 모든 직원이 마음을 합쳐 협력하고 각자가 처해진 위치에서 해 보겠다는 의욕으로 문제점을 해결하기 위한 행동을 실제적으로 실천하는 것을 말한다.

무재해 운동에서 경미상해나 아차사고(near accident) 체험을 모두 소중한 정보로서 공유해야 한다. 각종 위험요인을 사고가 발생하기 전에 발견 파악하여 나아가서는 만일 '~하면' 사고가 될지도 모르는 잠재위험을 예지하여 그 해결에 노력한다.

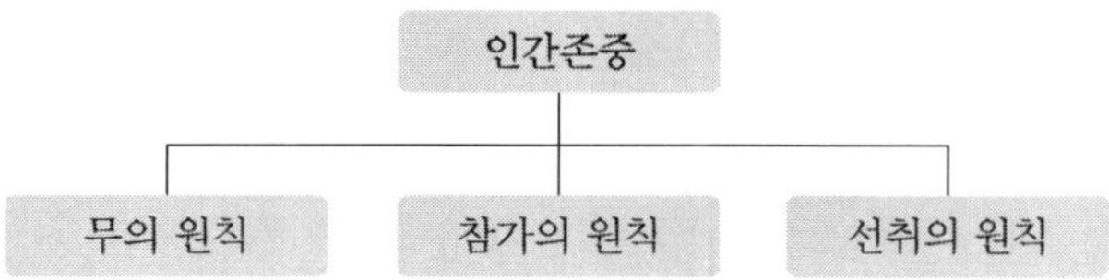

그림 4.1 무재해 운동의 기본원칙

4.3 무재해 운동의 3요소

(1) 최고경영자의 경영자세

안전보건은 최고경영자의 무재해, 무질병에 대한 확고한 경영자세로 시작된다. 최고경영자는 '일하는 직원이 중요하다. 한 사람이라도 다치게 하지 않는다'라는 인간 존중의 결의로 출발해야 한다. 즉, 무재해, 무질병의 시작은 최고경영자로부터라고 말할 수 있다.

(2) 관리감독자의 안전보건 추진(라인화 철저)

안전보건을 추진하는데 관리감독자(라인)가 생산 활동 속에 안전보건을 함께 실천하는 것이다. 즉, 라인에 의한 안전보건을 철저히 수행해야 한다는 것이다. 부하의 안전보건 확보는 라인의 본래 임무이며 '내 부하는 누구 하나 부상당하게 하지 않는다'라는 라인의 강한 결의와 실천이 있어야 한다.

(3) 직장 소집단의 자주 활동의 활발화

일하는 각자가 안전보건은 자신의 문제이며 동시에 동료의 문제로서 진지하게 받아들여 직장의 팀원과의 협동과 노력을 통해서 자주적으로 추진해야 한다. 예를 들어 나와 동료가 부상당하지 않게 한다. 이를 위해 어떤 노력을 실천하자는 강한 의지가 필요하다.

4.4 무재해 운동의 성과

인간존중의 이념을 바탕으로 경영자, 관리감독자, 작업자 등 사업장 전원이 적극적으로 참가하여 직장의 안전과 보건을 선취하여 산업재해를 근절하여 인간 중심의 밝고 활기찬 직장 풍토를 조성하는 것이 무재해 운동의 목적이다. 이 목적을 달성하므로 얻을 수 있는 성과는 다음과 같다.

(1) 산재보상금과 간접비용의 손실을 줄일 수 있고 생산성 저하를 방지하여 기업 경제에 이익을 준다.
(2) 자율적 문제해결 운동으로 생산, 품질의 문제 해결 능력이 향상된다.
(3) 쾌적한 작업환경 속에서 안전 보건 활동에 적극적이고 창조적인 직장 풍토가 조성된다.
(4) 노사 간 화합 분위기를 조성하여 노사 신뢰가 깊어진다.

4.5 무재해 운동의 실천 방법

(1) 무재해 운동 실천 3원칙

무재해 운동 실천 3원칙이란 ① 팀 미팅 기법, ② 선취 기법, ③ 문제해결 기법을 말하며 이를 간단하게 설명하면 다음과 같다.

팀 미팅 기법은 대화하는 방법이며 브레인 스토밍(BS : Brain Storming) 4원칙을 따른다. 첫째, 좋다, 나쁘다는 비판하지 않는 비판금지, 둘째, 자유자재로 편안하게 발언할 수 있는 자유분방, 셋째, 무엇이던지 많이 발언할 수 있는 대량발언, 넷째, 타인의 아이디어에 수정하거나 덧붙여 말 할 수 있는 수정발언을 말한다.

선취 기법은 위험예지 활동, 잠재재해 적출 활동, 동종 및 유사재해방지 활동 등에 의하여 직장의 잠재위험을 발견, 파악, 해결하는 것을 의미한다.

문제해결 기법은 4라운드 – 8단계(표 4.1 참조) 또는 현장에서 활용할 수 있는 짧은 시간의 문제해결 기법을 활용하여 행동하는 것을 말한다. 즉, 무재해 운동은 문제해결 행동이다.

(2) 위험예지 훈련

이 훈련은 작업하기 전에 5~7분 정도 토의하고 개인의 위험에 대한 감수성을 높이고 위험요인을 해결하는 훈련으로 생활화되어야 한다. 작업장에서 위험요인을 발견하는 감수성을 개인 수준에서 팀 수준으로 높이는 감수성 훈련을 의미한다. 위험예지 훈련은 사업장의 팀워크이므로 전원이 안전을 빨리, 올바르게 선취하는 훈련이다. 개별훈련인 동시에 팀워크 훈련이므로 안전을 선취하기 위해 감수성 훈련, 단시간 미팅 훈련, 문제해결 훈련이 필요하며 이를 안전선취의 3요소라 한다. 이 훈련 방법을 그림 4.2에 제시하였다.

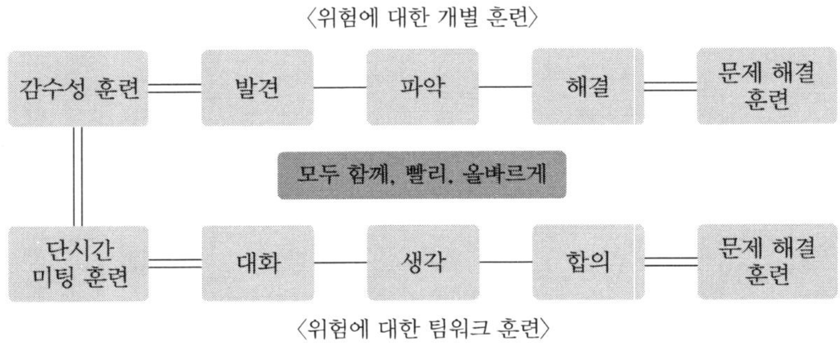

그림 4.2 위험예지 훈련 진행 방법

위험예지 훈련은 위험요인을 행동하기 전에 팀의 의욕으로 해결하는 문제해결 훈련이다. 문제를 해결하기 위해 필요한 위험예지 훈련은 4라운드 – 8단계로 이루어져 있으며 표 4.1에 그 과정을 제시하였다.

표 4.1 위험예지 훈련 4라운드(8단계)

문제해결 4R	문제해결 8단계	위험예지 훈련 진행방법
1R 현상파악	1단계 문제제기 2단계 현상파악	어떤 위험이 잠재하고 있는가?
2R 본질추구	3단계 문제점 발견 4단계 중요 문제 결정	이것이 위험 포인트다.
3R 대책수립	5단계 해결책 구상 6단계 구체적 대책 수립	당신이라면 어떻게 하겠는가?
4R 행동목표 설정	7단계 중점사항 결정 8단계 실시계획 책정	우리는 이렇게 한다.

(3) TBM(Tool Box Meeting) 위험예지 훈련

작업장에서 즉흥적으로 실시하는 위험예지 활동이며 즉시 즉흥법(단시간 미팅 훈련)이라 부른다. 작업시간 전 5~15분, 작업 후 3~5분 정도로 팀장을 주축으로 5~6명 정도의 인원이 현장 주변에서 훈련을 실시한다. 작업자들이 작은 원을 만들어 짧은 시간 동안에 회합을 갖는 훈련이다. 작업장에서 잠재된 위험에 대해 의견을 서로 제시, 이해, 합의하는 것이다.

단시간 미팅 (즉시 즉흥) 훈련은 5단계로 구성되어 있으며 이를 TBM 5단계라 하며 다음과 같다.

1단계 : 도입(정렬, 인사, 건강 확인, 직장 체조, 목표 제창, 안전 연설(1분))

2단계 : 점검 정비(복장, 보호구, 공구, 사용기기, 재료 등의 점검 정비)

3단계 : 작업지시(전달 사항, 금일 작업지시 5W1H + 위험예지, 지적 확인 – 복창)

4단계 : 위험예지(설정해 놓은 도해로 원포인트(one point) 위험예지 훈련 실시)

- 1R(현상파악) : 구두로 문제점 제기
- 2R(본질추구) : 중요 위험 원포인트→지적 확인
- 3R(대책수립) : 중점 실시 사항, 원포인트
- 4R(목표설정) : 일제 제창

5단계 : 확인(원포인트 지적 확인 연습, 터치 앤 콜(touch & call), 끝맺음)

그림 4.3 터치 앤 콜

(4) 원포인트 위험예지 훈련

표 4.1의 위험예지 훈련에서 2R, 3R, 4R을 원포인트로 요약하여 실시하는 TBM 위험예지 훈련이다. 이 훈련은 구두로 실시하며 서서 2분 정도 누구든지, 언제, 어디서나 할 수 있다.

(5) 삼각위험예지 훈련

이 훈련은 말하거나 쓰는 것이 미숙한 작업자를 위해 개발한 것으로 보다 빠르게, 보다 간편하게, 전원 참여로 기호나 메모 형태로 실행하는 방법이다.

(6) 브레인 스토밍(BS)

오스본(A.F. Osborn)이 창안한 것으로 토의식 아이디어 개발기법이다. 뇌(brain)에 폭풍

(storming)을 일으킨다는 의미(뇌충격)이며 문제에 대한 해결 방안을 토의에 의해 도출할 때 비판이나 판단을 우선 중지하고 머릿속에 떠오르는 아이디어를 자유롭게 제시하는 방법이다.

작업자가 위험작업에 임하여 무재해를 지향하겠다는 뜻을 큰 소리로 외치면서 안전작업의 이행을 결의한다. 그 결과, 대뇌의 긴장도를 높이고 의식수준을 제고하여 작업 과정에서 과오를 최소화하는 기법이다. 낮은 의식수준으로 작업하는 경우라도 지적 확인을 실시하면 신뢰성이 높은 수준까지 끌어 올릴 수 있다. 이 방법을 실행하기 위해 앞에 기술된 팀 미팅 기법에서 소개된 브레인스토밍(BS : Brain Storming) 4원칙을 따른다. 3인이나 4인 팀으로 실시한다.

(7) 안전감독 실시 방법(STOP)

미국 듀퐁 회사에서 개발한 안전관찰 훈련과정이다. STOP(Safety Training Observation Program)의 목적은 각 계층의 감독자가 숙련된 안전관찰을 수행하여 사고를 사전에 방지하기 위한 것이다. 안전관리자(숙련된 관찰자)는 불안전한 행위를 관찰하기 위해 관찰 사이클(observation cycle)을 이용한다. 숙련된 관찰자는 처음 관찰하기를 결심하고 불안전한 행위를 효과적으로 관찰하기 위해 정지한다. 불안전한 행위가 발견되면 멈추도록 조치하고 관찰 및 조치 내용을 보고한다. 간단하게 관찰 사이클을 나타내면 결심→정지→관찰→조치→보고 순서이다.

(8) 안전 확인 5지 운동

안전을 확인하기 위해 5지 운동을 실시한다. 손가락을 이용하는 5지의 종류와 그 내용을 표 4.2와 그림 4.4에 수록하였다.

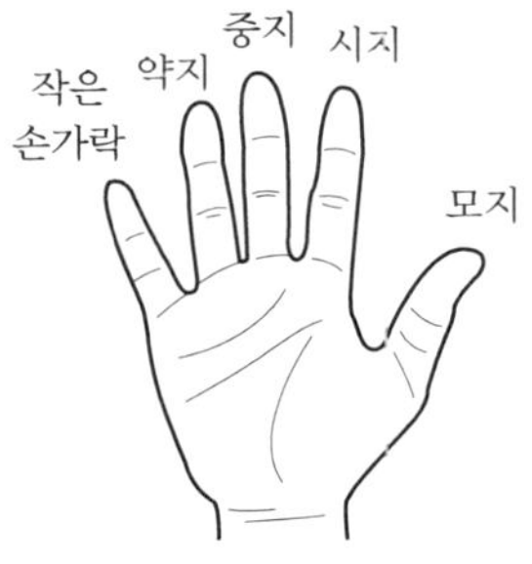

그림 4.4 안전확인 5지 운동

표 4.2 안전 확인 5지 운동

종류	호칭(가르침)	확인점
모지(무지) [마음]	하나, 자기도 동료도 부상을 당하거나 당하지 말자.	정신 차려 마음의 준비
시지(식지) [복장]	둘, 복장을 단정하게 안전작업(부드러운 충고, 사람의 화(和)와 신뢰)	연락, 신호, 복장의 정비
중지 [규정]	셋, 서로가 지키자 안전수칙(정리정돈은 안전의 중심)	통로를 넓게,
약지 [정비]	넷, 정비 · 올바른 운전(재해를 일으키지 않는 행동)	기계 차량의 점검정비
새끼손가락 [확인]	다섯, 언제나 점검, 또 점검(새끼손가락도 도움이 된다. 보호구는 반드시)	표시는 뚜렷하게, 안전 확인

(9) 5C 운동

위험예지응용 기법의 종류의 하나로 5C 운동이 있으며 다음과 같다.

① 복장단장(Correctness)

② 정리정돈(Clearance)

③ 청소청결(Cleaning)

④ 점검 · 확인(Checking)

⑤ 전심전력(Concentration)

MEMO

INDUSTRIAL SAFTY MANAGEMENT

CHAPTER

05

보호구와 안전표지

CONTENTS

SECTION 5.1 | 보호구 ······ 101

SECTION 5.2 | 보호구의 종류 및 특징 ······ 105

SECTION 5.3 | 안전보건표지 ······ 128

CHAPTER

05 보호구와 안전표지

INDUSTRIAL SAFETY MANAGEMENT

5.1 | 보호구

보호구란 근로자의 신체 일부 또는 전부에 장착하여 외계의 유해한 물리적, 화학적 자극물인 위험요소로부터 재해나 건강 장해를 방지하기 위한 목적으로 작업자가 착용하여 작업을 하는 기구나 장치를 의미한다. 보호해야 할 신체의 위험 요소가 그림 5.1에 제시되었다. 보호구란 인체에 미치는 각종 위험으로부터 보호하기 위한 보조기구로서 소극적인 보호 방법으로 2차적인 안전 대책이라 할 수 있다. 보호구는 유해 · 위험요인으로부터 작업자를 보호하기 위한 최후 수단이므로 우리나라를 비롯한 유럽 · 미국 등 각국에서도 보호구에 대한 각별한 관심을 기울이고 있다. 유럽에서는 보호구를 제조 · 수입하는 업체나 보호구를 사용하는 사업장에 대하여 별도의 지침을 만들어 규제하고 있다.

보호구는 인명과 직결되므로 여러 가지 제약조건이 따르며 위험 · 유해 사항을 통제하기 위해 구비 조건을 갖추어야 한다. 또한 작업 특성에 가장 적절한 보호구를 선택해야 하므로 유의할 사항 등을 고려하여 선택한다. 이에 대한 사항을 간략하게 표 5.1에 정리하였다.

표 5.1 보호구 구비조건과 선택시 유의사항

구비조건	유의사항
• 착용시 작업이 용이할 것 • 유해 위험물에 대하여 방호가 완전할 것 • 재료의 품질이 우수할 것 • 구조 및 표면 가공이 좋을 것	• 사용 목적에 적합할 것 • 보호구 검정에 합격하고 보호 성능이 보장될 것 • 작업 행동에 방해되지 않을 것 • 착용이 용이하고 크기 등 사용자에게 편리할 것

산업안전보건법에서 정하고 있는 보호구를 그림 5.2에 나타냈다. 보호구는 안전 보호구와 위생 보호구로 구분한다. 그 내용을 정리하면 다음과 같다.

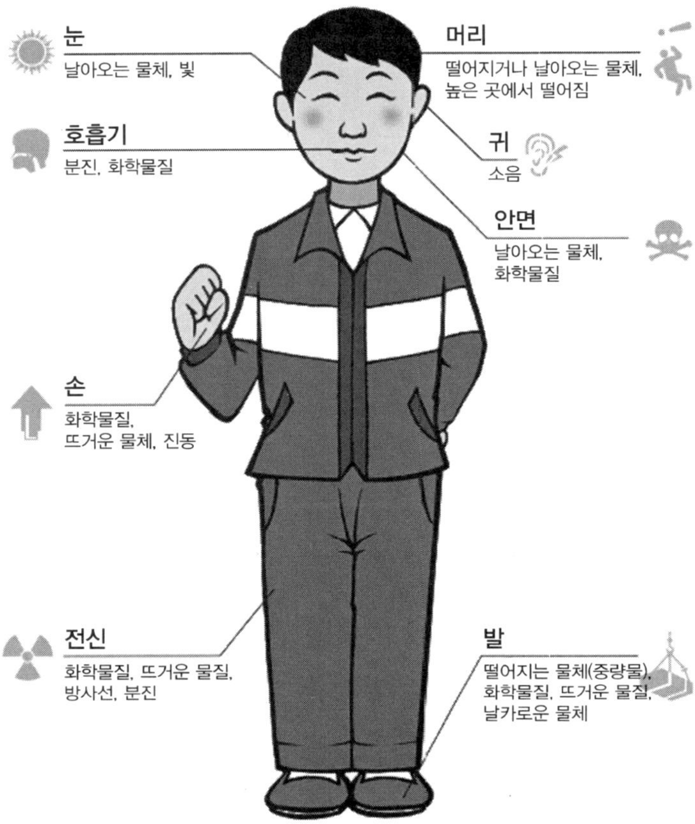

그림 5.1 신체의 위험요소(안전보건공단)

(1) 안전 보호구

- 안전모 : 두부에 대한 보호구
- 안전대 : 추락방지에 대한 보호구
- 안전화 : 발에 대한 보호구
- 안전장갑 : 손에 대한 보호구
- 보안면 : 얼굴에 대한 보호구

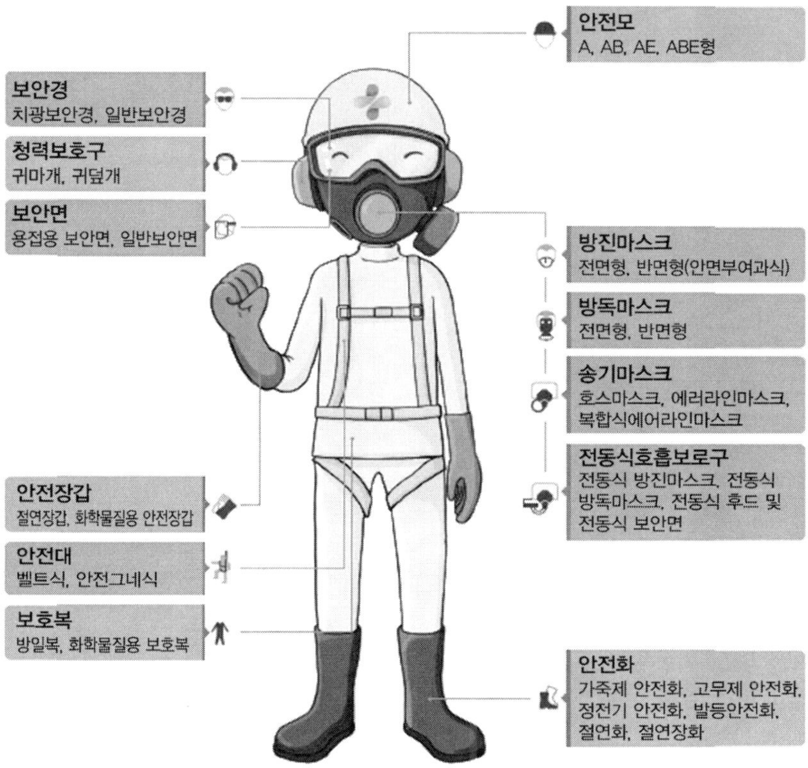

그림 5.2 보호구 종류(안전보건공단)

(2) 위생 보호구

- 방진 · 방독 · 송기 마스크 : 유해 화학물질의 흡입방지를 위한 보호구
- 보안경 : 눈의 보호에 대한 보호구
- 귀마개 · 귀덮개 : 소음 차단에 대한 보호구

보호구에 대해서는 인증 및 확인을 통해서 사용되어야 하는데 이를 안전인증과 자율안전 확인으로 구분하여 표 5.2에 나타냈으며 안전인증과 자율안전확인 제품에 표시할 사항에 대해서는 표 5.3에 제시하였다.

표 5.2 보호구의 인증 및 확인

안전인증	자율안전확인
추락 및 감전 위험방지용 안전모 안전화 안전장갑 방진마스크 방독마스크 송기마스크 전동식 호흡보호구 보호복 안전대 차광 및 비산물 위험방지용 보안경 용접용 보안면 방음용 귀마개 또는 귀덮개	안전모(안전인증 대상 기계 · 기구에 해당되는 사항 제외/추락 및 감전 위험 방지용 안전모 제외) 보안경(안전인증 대상 기계 · 기구에 해당되는 사항 제외/차광 및 비산물 위험방지용 보안경 제외) 보안면(안전인증 대상 기계 · 기구에 해당되는 사항 제외/용접용 보안면 제외) 잠수기(잠수헬멧 및 잠수마스크 포함)

표 5.3 안전인증과 자율안전확인 제품 표시 방법

안전인증	자율안전확인
① 형식 또는 모델명 ② 규격 또는 등급 등 ③ 제조자명 ④ 제조번호 및 제조연월 ⑤ 안전인증 번호	① 형식 또는 모델명 ② 규격 또는 등급 등 ③ 제조자명 ④ 제조번호 및 제조연월 ⑤ 자율안전확인 번호

안전인증 제품에는 표시 방법에 따라 의무안전인증 대상 기계 · 기구 등의 안전인증 및 자율안전확인의 표시와 그 외의 표시로 구분하며 이를 표 5.4에 나타냈다.

표 5.4 안전인증의 표시 방법

의무안전인증대상 기계 · 기구 등의 안전인증 및 자율안전 확인의 표시	KCs
의무안전인증대상 기계 · 기구 등이 아닌 안전인증 대상 기계 · 기구 등의 안전인증 표시	S

안전인증 기관에서는 보호구 제품에 대해 주기적으로 확인해야 할 사항이 있다. 그 사항은 다음과 같다.

① 안전인증서에 적힌 제조 사업장에서 해당 안전인증 대상 기계 · 기구 등을 생산하고 있는지 여부

② 안전인증을 받은 안전인증 대상 기계 · 기구 등이 안전인증 기준에 적합한지 여부

③ 제조자가 안전인증을 받을 당시의 기술능력 · 생산체계를 지속적으로 유지하고 있는지 여부

④ 안전인증 대상 기계 · 기구 등이 서면심사 내용과 같은 수준 이상의 재료 및 부품을 사용하고 있는지 여부

또한 안전인증을 받은 제조자가 안전인증 기준을 지키고 있는지 여부를 확인해야 하며 그 주기는 매년 확인한다. 다만, 안전인증을 신청하여 안전인증을 받은 경우는 2년마다 확인한다.

5.2 | 보호구의 종류 및 특징

(1) 안전모

작업자가 작업할 때 비래하는 물건, 낙하하는 물건에 의한 위험성 방지, 하역작업에서 추락했을 때 머리부위에 상해받는 것을 방지, 머리부위에 감전될 우려가 있는 전기공사 작업에서 산업재해를 방지하기 위해 머리를 보호하는 모자를 말한다.

안전모는 모체, 착장제, 충격흡수제, 턱끈, 모자챙으로 이루어져 있으며 각부의 명칭과 구조를 그림 5.3에 표시하였다.

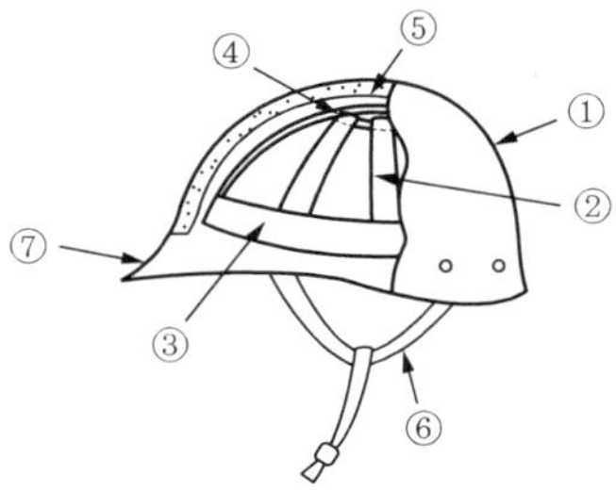

① 모체
② 착장체 – 머리받침끈
③ 착장체 – 머리받침대
④ 착장체 – 머리받침고리
⑤ 충격흡수제(자율안전확인 제외)
⑥ 턱끈
⑦ 모자챙(차양)

그림 5.3 안전모의 구조

안전모의 각부 명칭을 설명하면 다음과 같다.

- **모체** : 착용자의 머리부위를 덮는 주된 물체로서 단단하고 매끄럽게 마감된 재료를 말한다.
- **착장체** : 머리받침끈, 머리받침대, 머리받침고리로 구성되어 있으며 추락 및 감전 위험방지용 안전모로서 머리부위에 고정시켜주며, 안전모에 충격이 가해졌을 때 착용자의 머리부위에 전해지는 충격을 완화시켜주는 기능을 갖는 부품을 말한다.
- **충격흡수제** : 안전모에 충격이 가해졌을 때 착용자의 머리부위에 전해지는 충격을 완화하기 위하여 모체의 내면에 붙이는 부품을 말한다.
- **턱끈** : 모체가 착용자의 머리부위에서 탈락하는 것을 방지하기 위한 부품을 말한다.
- **통기구멍** : 통풍의 목적으로 모체에 있는 구멍을 말한다.
- **챙** : 햇빛 등을 가리기 위한 목적으로 착용자의 이마 앞으로 돌출된 모체의 일부를 말한다.

작업장에 따라 적절한 안전모를 선택하여 사용하도록 구분되어 있다. 안전모 종류에 따른 특성을 표 5.5에 제시하였다.

표에 제시된 안전모는 의무안전인증 대상 품목이며 안전성능 기준을 항목별로 충족해야 하고 그 기준을 표 5.6에 수록하였다.

표 5.5 안전모의 종류와 특징

종류(기호)	사용구분	비고
A	물체의 낙하 또는 비래에 의한 위험을 방지 또는 경감시키기 위한 것	비내전압성
AB	물체의 낙하 또는 비래 및 추락에 의한 위험을 방지 또는 경감시키기 위한 것	비내전압성
AE	물체의 낙하 및 비래에 의한 위험을 방지 또는 경감하고, 머리부위 감전에 의한 위험을 방지하기 위한 것	내전압성
ABE	물체의 낙하 또는 비래 및 추락에 의한 위험을 방지 또는 경감하고, 머리부위 감전에 의한 위험을 방지하기 위한 것	내전압성

주) 추락이란 높이 2미터 이상의 고소작업, 굴착작업 및 하역작업 등에 있어서의 추락을 의미한다.
주) 내전압성이란 7,000볼트 이하의 전압에 견디는 것을 말한다.

표 5.6 안전모의 성능 기준

형식	성능
내관통성	AE, ABE종 안전모는 관통거리가 9.5㎜ 이하이고, AB종 안전모는 관통거리가 11.1㎜ 이하이어야 한다.
충격흡수성	최고 전달충격력이 4,450N을 초과해서는 안 되며, 모체와 착장체의 기능이 상실되지 않아야 한다.
내전압성	AE, ABE종 안전모는 교류 20㎸에서 1분간 절연파괴 없이 견뎌야 하고, 이때 누설되는 충전전류는 10㎃ 이내이어야 한다.
내수성	AE, ABE종 안전모는 질량증가율이 1% 미만이어야 한다. [질량증가율(%) $= \frac{\text{담근 후의 질량} - \text{담그기 전의 질량}}{\text{담그기 전의 질량}} \times 100$]
난연성	모체가 불꽃을 내며 5초 이상 타지 않아야 한다.
턱끈풀림	150N 이상 250N 이하에서 턱끈이 풀려야 한다.

안전모가 안전을 위해 몇 가지 갖추어야 할 요건과 종류에 따라 필요한 사항이 있으며 이는 다음과 같다.

① 일반구조요건

ⓐ 안전모는 모체, 착장체, 턱끈을 가질 것

ⓑ 착장체의 머리고정대는 착용자의 머리부위에 적합하도록 조절할 수 있을 것

ⓒ 착장체의 구조는 머리에 균등한 힘이 분배되도록 할 것

ⓓ 모체, 착장체 등 안전모의 부품은 착용자에게 상해를 줄 수 있는 날카로운 모서리 등이 없을 것

ⓔ 모체에 구멍이 없을 것(착장체 및 턱끈의 설치 또는 안전등, 보안면 등을 붙이기 위한 구멍은 제외한다)

ⓕ 턱끈은 사용 중 탈락되지 않도록 확실히 고정되는 구조일 것

ⓖ 안전모의 착용높이는 85mm 이상이고 외부 수직거리는 80mm 미만일 것(그림 5.4)

ⓗ 안전모의 내부수직거리는 25mm 이상 50mm 미만일 것

ⓘ 안전모의 수평간격은 5mm 이상일 것

[주 : 수평간격이란 모체 내면과 머리모형 전면 또는 측면간의 거리]

ⓙ 머리받침끈이 섬유인 경우에 각각의 폭은 15mm 이상이어야 하며, 교차되는 끈의 폭의 합은 72mm 이상일 것

ⓚ 턱끈의 폭은 10mm 이상일 것

ⓛ 안전모의 모체, 착장체 및 충격흡수재를 프함한 질량은 440g을 초과하지 않을 것

② AB종 안전모는 ⓐ번 조건에 적합해야 하고 충격흡수재를 가져야 하며, 리벳(rivet) 등 기타 돌출부가 모체의 표면에서 5mm 이상 돌출되지 않아야 한다.

③ AE종 안전모는 ⓐ번 조건에 적합해야 하고, 금속제 부품을 사용하지 않고, 착장체는 모체의 내외면을 관통하는 구멍을 뚫지 않고 붙일 수 있는 구조로서 모체의 내외면을 관통하는 구멍 핀홀 등이 없어야 한다.

④ ABE종 안전모는 ②, ③의 조건에 적합해야 한다.

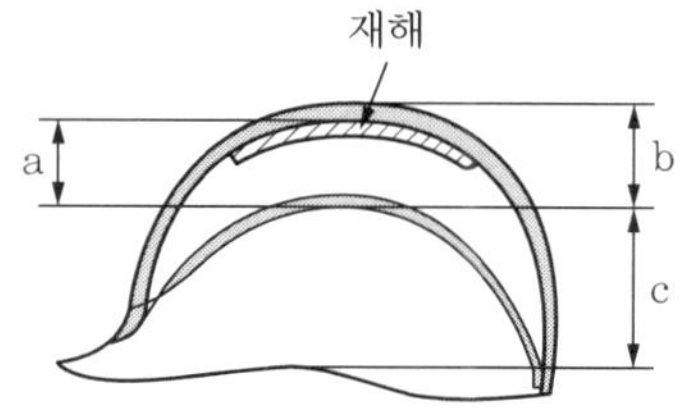

a : 내부수직거리, b : 충격흡수제, c : 외부수직거리, d : 착용높이

그림 5.4 안전모의 거리와 간격

안전모의 착용 대상 사업장은 2m 이상의 고소작업, 비계의 조립과 해체 작업, 차량계 하역 운반 기계의 하역작업, 낙하위험 작업, 동력으로 작동되는 기계 작업이다. 안전모의 착용 방법을 그림 5.5에 나타냈다.

① 모체, 착장체, 충격흡수제 및 턱끈의 이상 유무를 확인한다.

② 자신의 머리 크기에 맞도록 착장체의 머리 고정대를 조절한다.

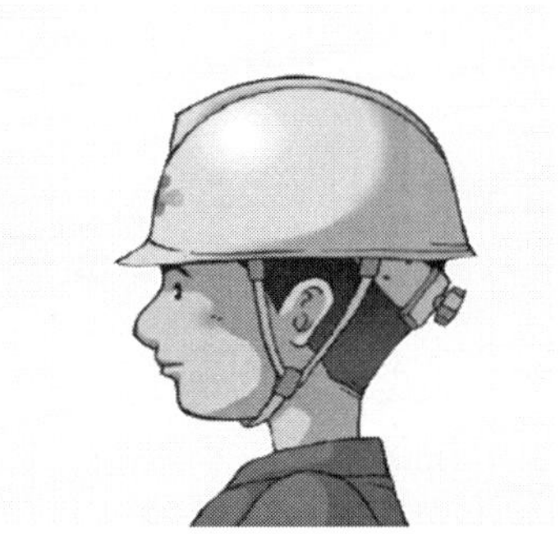

③ 귀의 양쪽에 턱끈이 위치하도록 착용한다.

④ 안전모가 벗겨지지 않도록 턱끈을 견고히 조여서 고정한다.

그림 5.5 안전모 착용 방법(안전보건공단)

(2) 안전화

안전화는 물체의 낙하, 충격 또는 날카로운 물체로 인한 위험이나 화학약품 등으로부터 발 또는 발등을 보호하거나 감전 또는 정전기의 인체 대전을 방지하기 위하여 사용한다. 가죽제 안전화와 고무제 안전화로 구분할 수 있으며 성능 시험을 통과해야 한다. 이외에도 정전기 안전화, 발등 안전화, 절연화, 절연장화, 화학물질 안전화 등이 있다(그림 5.6). 이들 안전화에 대한 성능을 표 5.7에 나열하였다.

표 5.7 안전화의 종류 및 성능

종 류	성 능
가죽제 안전화	물체의 낙하, 충격 또는 날카로운 물체에 의한 찔림의 위험으로부터 발을 보호하기 위한 것
고무제 안전화	물체의 낙하, 충격 또는 날카로운 물체에 의한 찔림의 위험으로부터 발을 보호하고 내수성 또는 내화학성을 겸한 것
정전기 안전화	물체의 낙하, 충격 또는 날카로운 물체에 의한 찔림의 위험으로부터 발을 보호하고 정전기의 인체대전을 방지하기 위한 것
발등 안전화	물체의 낙하, 충격 또는 날카로운 물체에 의한 찔림의 위험으로부터 발 및 발등을 보호하기 위한 것
절연화	물체의 낙하, 충격 또는 날카로운 물체에 의한 찔림의 위험으로부터 발을 보호하고 저압의 전기에 의한 감전을 방지하기 위한 것
절연장화	고압에 의한 감전을 방지 및 방수를 겸한 것
화학물질용 안전화	물체의 낙하, 충격 또는 날카로운 물체에 의한 찔림의 위험으로부터 발을 보호하고 화학물질로부터 유해 위험을 방지하기 위한 것

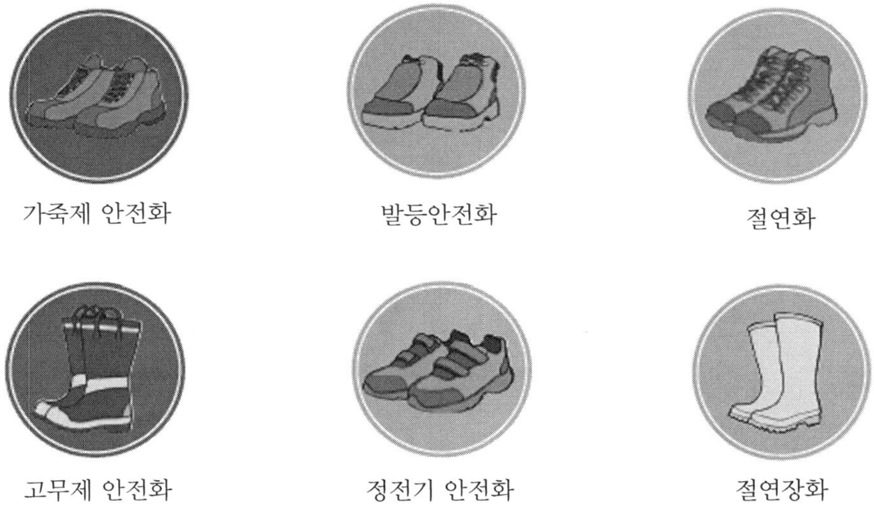

그림 5.6 안전화의 종류

안전화는 등급에 따라 중작업용, 보통 작업용, 경작업용으로 구분할 수 있으며 사용 장소에 따라 낙하높이와 충격하중 시험을 만족해야 하며 이 내용을 표 5.8에 제시하였다.

표 5.8 안전화 등급과 특성

구분(등급)	특성		사용 장소
	높이(mm)	하중(kN)	
중작업용	1,000	15±0.1	• 광업, 건설업 및 철광업 등에서 원료 취급, 가공, 강재 취급 및 강재 운반 • 건설업 등에서 중량물 운반작업 • 가공대상물의 중량이 큰 물체를 취급하는 작업장으로서 날카로운 물체에 의해 찔릴 우려가 있는 장소
보통 작업용	500	10±0.1	• 기계공업, 금속가공업, 운반, 건축업 등 공구가공품을 손으로 취급하는 작업 및 차량 사업장 • 기계 등을 운전조작하는 일반작업장으로서 날카로운 물체에 의해 찔릴 우려가 있는 장소
경작업용	250	4.4±0.1	• 금속 선별, 전기제품 조립, 화학제품 선별, 반응장치 운전, 식품가공업 등 비교적 경량의 물체를 취급하는 작업장으로서 날카로운 물체에 의해 찔릴 우려가 있는 장소

그림 5.7 안전화 높이(h)

안전화의 몸통 높이에 따라 단화(h = 113mm 미만), 중단화(h = 113mm 이상), 장화(h = 178mm 이상)로 구분할 수 있으며 그림 5.7에 나타냈다.

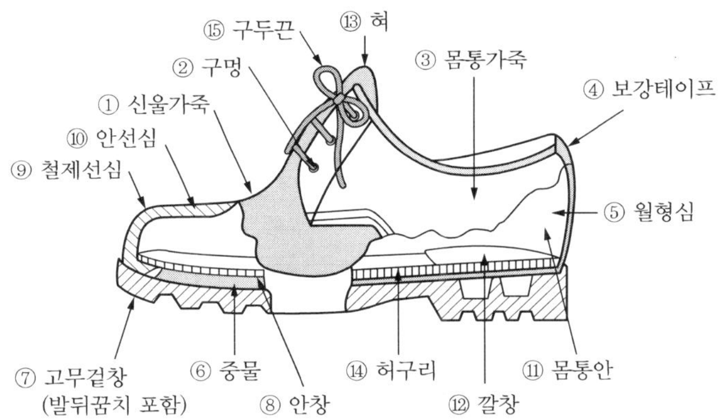

그림 5.8 가죽제 안전화의 일반 구조

가죽제 안전화의 일반구조를 그림 5.8에 나타냈으며 일반적으로 다음 사항을 만족해야 한다.

① 발가락 끝부분에 선심을 넣어 압박 또는 충격에 대하여 착용자의 발가락을 보호할 수 있는 구조일 것

② 착용감이 좋으며 작업하기가 편리할 것

③ 견고하게 제작하여야 하며 부분품의 마무리가 확실하여야 하고 형상은 균형이 있을 것

④ 선심의 내측은 헝겊, 가죽, 고무 또는 플라스틱 등으로 감싸고 특히 후단부의 내측은 보강되어 있을 것

안전화는 종류에 따라 성능 기준이 있으며 그 기준을 표 5.9~5.12에 제시하였다.

표 5.9 고무제 안전화의 성능 기준

등급	사용장소
일반용	일반작업장
내유용	탄화수소류의 윤활유 등을 취급하는 작업장
내산용	무기산을 취급하는 작업장
내알카리용	알카리를 취급하는 작업장
내산, 내알카리 겸용	무기산 및 알카리를 취급하는 작업장

표 5.10 정전기 안전화의 성능 기준

구 분			대전방지성능(저항)
신울 등이 가죽제 및 고무제인 것	선심이 있는 것	1종	$0.1M\Omega < R < 100M\Omega$
		2종	$0.1M\Omega < R < 10M\Omega$
	선심이 없는 것	1종	$0.1M\Omega < R < 100M\Omega$
		2종	$0.1M\Omega < R < 10M\Omega$

주)
1. 1종은 착화에너지가 0.1mJ 이상의 가연성물질 또는 가스(메탄, 프로판 등)를 취급하는 작업장에서 사용하는 것
2. 2종은 착화에너지가 0.1mJ 미만의 가연성물질 또는 가스(수소, 아세틸렌 등)를 취급하는 작업장에서 사용하는 것

표 5.11 절연화의 성능 기준

구 분		내전압성능
신울 등이 가죽제 및 고무제인 것	선심이 있는 것	14,000V, 60Hz에서 1분간 견디고 충전전류가 5mA 이하일 것.
	선심이 없는 것	

표 5.12 절연장화의 성능 기준

항 목		시험성능기준
내전압시험		20,000V에 1분간 견디고 이때 충전전류가 20mA 이하일 것
인장강도시험	겉창	880N/cm^2 이상일 것
	몸통	1,270N/cm^2 이상일 것
신장율 시험	겉창	350% 이상일 것
	몸통	350% 이상일 것
노후화의 잔존율 시험	겉창, 몸통, 인잔강도	가열전의 80% 이상일 것
	겉창, 몸통, 신장율	가열전의 75% 이상일 것
내열성 시험		균열, 흠 등 외관상 이상이 없을 것

안전화의 미끄럼방지 기능을 부가성능으로 요구할 때에는 안전화의 종류 및 등급에 따라 미끄럼방지 성능을 확인하고, 시험 성능 기준은 표 5.13을 따른다. 부가성능을 갖는 안전화에는 안전인증의 표시에 따른 표시 외에 미끄럼방지(등급표시 포함) 또는 수증기 투과 부가성능에 대한 사항을 표시해야 한다.

표 5.13 미끄럼방지 시험 성능 기준

미끄럼방지 등급	1등급	2등급
	마찰계수 0.36 초과	마찰계수 0.25~0.35

(3) 안전대

고소작업 시 추락에 의한 위험을 방지하기 위해 사용하는 보호구이다. 작업 용도에 적합한 안전대를 선정하여 사용해야 한다. 지상에서 착용하고 각 부품의 이상 유무를 확인 후에 사용하여야 한다. 안전대의 종류와 각 명칭을 그림 5.9에 제시하였다.

① 벨트　② 안전그네　③ 지탱벨트　④ 죔 줄　⑤ 보조죔 줄
⑥ 수직구명줄　⑦ D링　⑧ 각링　⑨ 8장형링　⑩ 훅
⑪ 보조훅　⑫ 카라비나　⑬ 박클　⑭ 신축조절기　⑮ 추락방지대

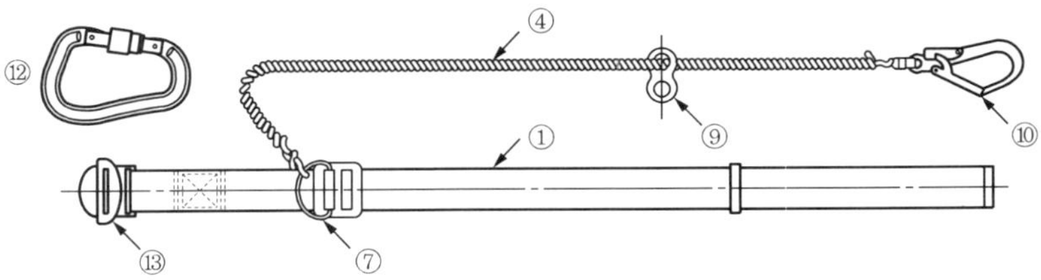

(a) 1개 걸이 전용 안전대

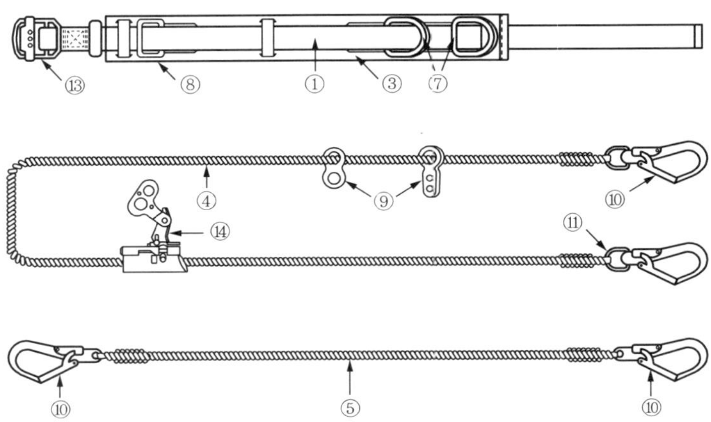

(b) U자 걸이 전용 안전대

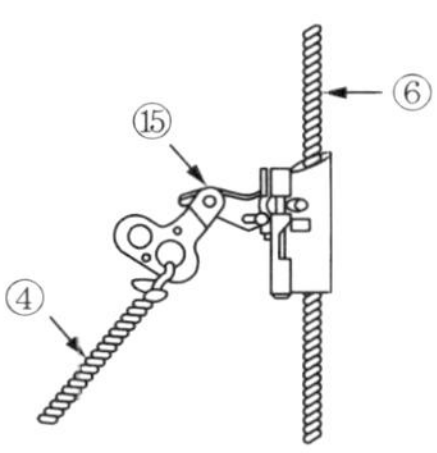

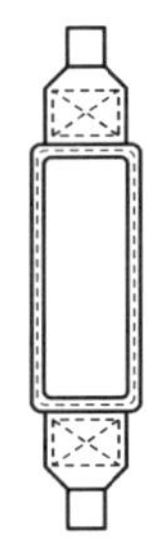

안전그네 안전블록 추락방지대 충격흡수장치

그림 5.9 안전대의 종류와 명칭

안전대를 이해하기 위해 몇 가지 부품에 대한 설명을 나열하면 다음과 같다.

ⓐ 벨트 : 신체에 착용하는 띠모양의 부품

ⓑ 버클 : 벨트를 착용하기 위해 그 끝에 부착한 금속장치

ⓒ 동체 대기 벨트 : U자 걸이 사용시 벨트와 겹쳐서 몸체에 대는 역할을 하는 띠

ⓓ 로프 : 벨트와 지지 로프 그 밖에 걸이 설비, 안전대를 안전하게 걸기 위한 설비

ⓔ 훅 : 로프와 걸이 설비 등 또는 D링과 연결하기 위한 고리 모양의 금속장치

ⓕ 신축 조절기 : 로프의 길이를 조절하기 위하여 로프에 설치된 금속장치

ⓖ D링 : 벨트와 로프를 연결하기 위한 D자형 금속장치

ⓗ 8자형 링 : 안전대를 1개 걸이로 사용할 때 훅과 로프를 연결하기 위한 8자형 금속장치

ⓘ 세 개 이음형 고리 : 안전대를 1개 걸이로 사용할 때 훅과 로프를 연결하기 위한 세 개 이음형 고리 금속장치를 말한다.

ⓙ 각링 : 벨트와 신축 조절기를 연결하기 위한 큰 형태의 금속장치

그림 5.10에는 1개 걸이 벨트식 안전대 실제 모습이며 그림 5.11에는 U자 걸이 전용 안전대와 이를 착용하고 작업하는 모습을 보여주고 있다.

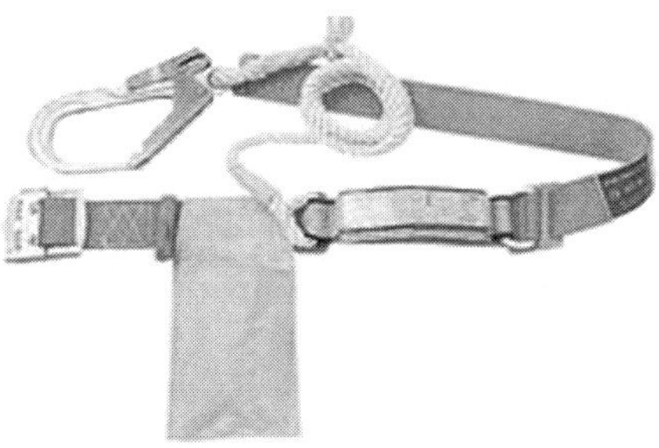

그림 5.10 1개 걸이 벨트식 안전대

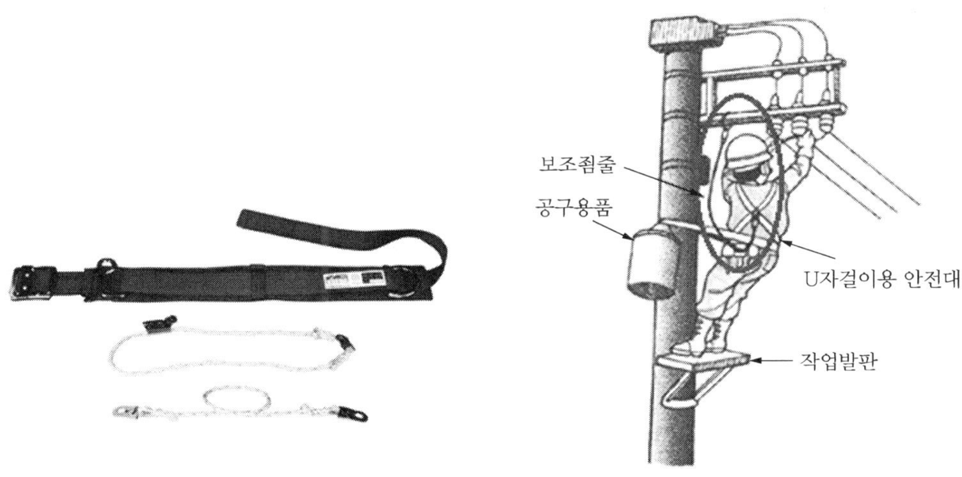

그림 5.11 U자 걸이 전용 안전대 착용 모습

안전대에 대한 구조 조건에 대해 몇 가지를 살펴보면 다음과 같다.

(가) 안전대의 일반구조 조건

- 벨트 또는 지탱벨트에 D링 또는 각 링과의 부착은 벨트 또는 지탱벨트와 같은 재료를 사용하여 견고하게 봉합할 것(U자 걸이 안전대에 한함)
- 벨트 또는 안전그네에 버클과의 부착은 벨트 또는 안전그네 한쪽 끝을 꺾어 돌린 부분을 봉합사로 견고하게 봉합할 것
- 죔줄 또는 보조죔줄 및 수직구명줄에 D링과 훅 또는 카라비너(이하 'D링 등'이라한다)와의 부착은 죔줄 또는 보조죔줄 및 수직구명줄에 D링 등에 통과시켜 꺾어 돌린 후 그 끝을 3회 이상 얽어매는 방법(풀림방지 장치의 일종) 또는 이와 동등 이상의 확실한 방법으로 할 것
- 벨트 또는 지탱벨트 및 죔줄, 보조죔줄 및 수직구명줄에 씸블(thimble) 등의 마모방지 장치가 되어 있을 것
- 죔줄의 모든 금속 구성품은 내식성을 갖거나 부식방지 처리를 할 것
- 벨트의 조임 및 조절 부품은 저절로 풀리거나 열리지 않을 것
- 안전그네는 골반 부분과 어깨에 위치하는 띠를 가져야 하고 사용자에게 잘 맞게 조절할 수 있을 것
- 안전대에 사용하는 죔줄은 충격흡수장치가 부착될 것. 단만 U자 걸이, 추락방지대 및 안전블록에는 해당되지 않는다.

(나) U자 걸이를 사용할 수 있는 안전대의 구조

- 지탱벨트, 링, 신축조절기가 있을 것(안전그네를 착용할 경우 지탱벨트를 사용하지 않아도 된다)
- U자 걸이 사용시 D링, 각 링은 안전대 착용자의 몸통 양 측면에 해당하는 곳에 고정되도록 지탱벨트 또는 안전그네에 부착할 것
- 신축조절기는 죔줄로부터 이탈하지 않도록 할 것
- U자 걸이 사용 상태에서 신체의 추락을 방지하기 위하여 보조 죔줄을 사용할 것
- 보조훅 부착 안전대는 신축조절기의 역방향으로 낙하 저지 기능을 갖출 것. 다만 죔줄

에 스토퍼가 부착될 경우에는 이에 해당하지 않는다.

- 보조훅이 없는 U자 걸이 안전대는 1개 걸이로 사용할 수 없도록 훅이 열리는 너비가 죔줄의 직경보다 작고 8자형링 및 이음형 고리를 갖추지 않을 것

(다) 안전블록이 부착된 안전대의 구조

- 안전블록을 부착하여 사용하는 안전대는 신체지지의 방법으로 안전 그네만을 사용할 것
- 안전블록은 정격 사용 길이가 명시될 것
- 안전블록의 줄은 합성섬유로프, 웨빙(webbing), 와이어 로프이어야 하며, 와이어 로프인 경우 최소지름이 4mm 이상일 것

(라) 추락방지대가 부착된 안전대의 구조

- 추락방지대를 부착하여 사용하는 안전대는 신체지지의 방법으로 안전 그네만을 사용하여야 하며 수직구명줄이 포함될 것
- 수직구명줄에서 걸이설비와의 연결부위는 훅 또는 카라비너 등이 장착되어 걸이설비와 확실히 연결될 것
- 유연한 수직구명줄은 합성섬유 로프 또는 와이어 로프 등이어야 하며 구명줄이 고정되지 않아 흔들림에 의한 추락방지대의 오작동을 막기 위하여 적절한 긴장수단을 이용, 팽팽히 당겨질 것
- 죔줄은 합성섬유 로프, 웨빙, 와이어 로프 등일 것
- 고정된 추락방지대의 수직구명줄은 와이어 로프 등으로 하며 최소지름이 8mm 이상일 것
- 고정 와이어 로프에는 하단부에 무게추가 부착되어 있을 것

안전대와 각 부품의 정하중 시험 성능 기준을 만족해야 하며 그 기준은 표 5.14와 같다.

표 5.14 안전대의 성능 기준(정하중 작용)

구분	명칭	시험하중	시험성능기준
완성품	벨트식	15kN(1,530kgf)	1) 파단되지 않을 것 2) 신축조절기의 기능이 상실되지 않을 것
	안전 그네식	15kN(1,530kgf)	시험몸통으로부터 빠지지 말 것
부품	벨트, 지탱 벨트	15kN(1,530kgf)	
	죔줄, 수직구명줄	22kN(2,245kgf)	재료가 합성섬유인 경우
		15kN(1,530kgf)	재료가 금속인 경우
	보조죔줄	18kN(1,835kgf)	
	죄줄, 수직구명줄의 D링 또는 훅 등의 연결부	11,28kN(1,15kgf)	
	링류(D링, 각링, 8자링)	15kN(1,530kgf)	
	버클	7.84kN(800kgf)	
	신축조절기	11.28kN(1,150kgf)	미끄러진 길이가 30mm 이하일 것
	추락방지대	11.28kN(1,150kgf)	미끄러진 길이가 30mm 이하일 것
	훅, 보조훅 및 카라비너	15kN(1,530kgf)	
	훅의 코부위 또는 카라비너 입구(gate)	1kN(100kgf)	1) 수직압축하중 2) 코부위 또는 몸체로부터 3mm 이상의 이격이 없을 것
		1.55kN(160kgf)	1) 측면압축하중 2) 코부위 또는 몸체로부터 3mm 이상의 이격이 없을 것
	신축조절기의 각링 연결부위	1.55kN(160kgf)	1) 측면압축하중 2) 코부위 또는 몸체로부터 3mm 이상의 이격이 없을 것
	안전블록	15kN(1,530kgf)	안전블록의 줄
		11.28kN(1,150kgf)	안전블록의 몸체
		6N(0.6kgf)~112N (11.4kgf)	1) 줄의 수축하중 2) 완전 수축 후 잔여길이는 600mm 이내일 것
	충격흡수장치	15kN(1,530kgf)	완전 전개한 후 시험하여 파단하지 않을 것
		2kN(200kgf)	50mm 이상의 늘어남이 없을 것

(4) 안전장갑

안전장갑은 전기 감전을 방지하기 위한 내전압용 절연장갑, 유해물질에 의한 노출을 방지하기 위한 유기화합물 안전장갑 등이 있다.

(가) 내전압용 절연장갑

내전압용 절연장갑은 최대 사용 전압에 따라 등급을 분류할 수 있으며 표 5.15에 제시되어 있다. 내전압용 절연장갑의 일반구조와 재료를 살펴보면 다음과 같다.

- 절연장갑은 고무로 제조하며 핀홀(pin hole), 균열, 기포 등의 물리적인 변형이 없어야 한다.
- 여러 색상의 층들로 제조된 합성 절연장갑이 마모되는 경우에 그 아래의 다른 색상의 층이 나타나야 한다.
- 절연장갑의 모양은 그림 5.11과 같으며 등급별로 절연장갑의 치수가 표 5.16에 제시되어 있다. 치수에 대한 오차범위는 ±15mm이다.
- 절연장갑은 등급에 따라 최대두께, 시험전압을 만족해야 하며 추가표시 사항으로 등급에 따라 색상으로 구분되며 이를 표 5.17에 제시하였다.

표 5.15 절연장갑의 등급

등급	최대사용전압	
	교류(V, 실효값)	직류(V)
00	500	750
0	1,000	1,500
1	7,500	11,250
2	17,000	25,500
3	26,500	39,750
4	36,000	54,000

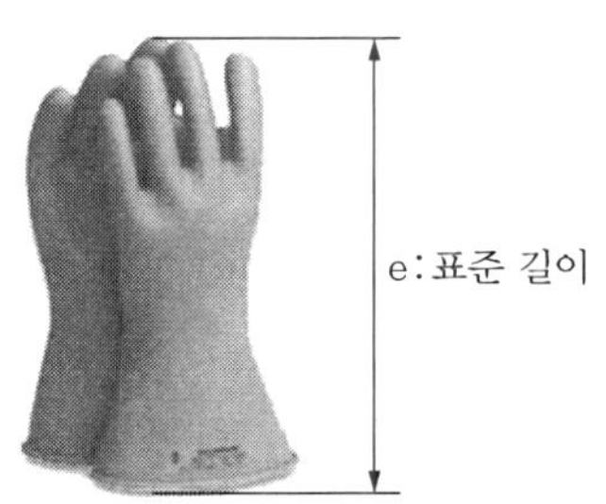

그림 5.11 절연장갑과 표준길이

표 5.16 절연장갑 치수

등급	표준길이(mm)
00	270, 360
0	270, 360, 410, 460
1, 2, 3	360, 410, 460
4	410, 460

표 5.17 절연장갑 고무 두께와 색상

등급	최대두께(mm)	시험전압(kV)	색상
00	0.50 이하	5	갈색
0	1.00 이하	10	빨간색
1	1.50 이하	20	흰색
2	2.30 이하	30	노란색
3	2.90 이하	30	녹색
4	3.60 이하	40	등색

전기용 안전장갑은 감전을 방지하기 위한 것으로 다음 사항을 지켜야 한다.

① 이음매가 없고 균질해야 한다.

② 사용시 안전장갑의 사용범위를 확인해야 한다.

③ 전기용 안전장갑이 작업시 쉽게 파손되지 않도록 외측에 가죽장갑을 착용하여야 한다.

④ 사용 전에 반드시 공기 테스트에 의해 점검을 실시하여야 한다.

⑤ 고무는 열, 빛 등에 의해 쉽게 노화되므로 열 및 직사광선을 피하여 보관하여야 한다.

⑥ 6개월마다 1회씩 규정된 방법으로 절연성능을 점검하고 그 결과를 기록한다.

(나) 유기화합물 안전장갑

유기화합물 안전장갑의 일반구조와 재료에 대해 살펴보면 다음과 같다.

- 안전장갑에 사용되는 재료와 부품은 착용자에게 해로운 영향을 주지 않아야 한다.
- 안전장갑은 착용 및 조작이 용이하고 착용상태에서 작업을 행하는데 지장이 없어야 한다.
- 안전장갑은 육안을 통해 확인한 결과, 찢어진 곳, 터진 곳, 구멍난 곳이 없어야 한다.

안전장갑에는 추가적인 안전인증 표시를 해야 하며 그 내용은 ① 안전장갑의 치수, ② 보관 · 사용 및 세척상의 주의사항, ③ 그림 5.12와 같은 안전장갑을 표시하는 화학물질 보호성능 표시가 필요하다.

그림 5.12 화학물질 보호성능 표시

(5) 방음용 귀마개 또는 귀덮개

귀마개와 귀덮개는 소음으로부터 청력을 보호하기 위한 것이다. 방음용 귀마개(이하 귀마개)란 외이도[1]에 삽입하거나 또는 외이 내부나 외이도 입구에 반 삽입함으로 차음효과를 얻을 수 있는 일회용 또는 재사용 가능한 방음용 귀마개를 말한다.

방음용 귀덮개(이하 귀덮개)란 양쪽 귀 전체를 덮을 수 있는 컵(머리띠 또는 안전모에 부착된 부품을 사용하여 머리에 압착될 수 있는 것)을 말한다.

귀마개와 귀덮개의 종류와 등급에 따른 성능은 표 5.18과 같으며 귀마개의 경우에 재사용 여부를 제조 특성으로 제품에 표기해야 한다.

표 5.18 귀마개와 귀덮개의 성능

종류	등급	기호	성 능
귀마개	1종	EP－1	저음부터 고음까지 차음하는 것
	2종	EP－2	주로 고음을 차음하고 저음(회화음 영역)은 차음하지 않는 것
귀덮개	－	EM	

귀마개와 귀덮개의 기능적인 성능 외에 다음과 같은 성능을 발휘해야 한다.

(가) 귀마개

• 사용수명 동안에 피부자극, 피부질환, 알레르기 반응 등 다른 건강상의 부작용을 일

1) 외이도 : 이개(귓바퀴)에서 고막으로 이어진 통로

으키지 않아야 한다.

- 귀마개를 사용하는 도중에 재료의 변형이 생기지 않아야 한다.
- 귀마개를 착용할 때 귀마개 모든 부분이 착용자에게 물리적인 손상을 유발시키지 않아야 한다.
- 귀마개를 착용할 때 밖으로 돌출된 부분이 외부의 접촉에 의해 귀에 손상이 발생되지 않아야 한다.
- 귀(외이도)에 잘 맞아야 한다.
- 사용 중에 심한 불쾌감이 없어야 한다.
- 사용 중에 쉽게 빠지지 않아야 한다.

(나) 귀덮개

- 인체에 접촉되는 부분에 사용되는 재료는 해로운 영향을 주지 않아야 한다.
- 귀덮개 사용 중에 재료의 변형이 없어야 한다.
- 제조자가 지정한 방법으로 세척 및 소독을 한 후에 육안으로 손상이 없어야 한다.
- 금속으로 된 재료는 부식방지 처리가 되어야 한다.
- 귀덮개의 모든 부분을 날카로운 부분이 없도록 처리해야 한다.
- 제조자는 귀덮개의 쿠션 및 라이너를 전용도구로 사용하지 않고 착용자가 교체할 수 있어야 한다.
- 귀덮개는 귀 전체를 덮을 수 있는 크기로 하고, 발포 프라스틱 등의 흡음재료로 감싸져야 한다.
- 귀 주위를 덮는 덮개의 안쪽 부위는 발포 플라스틱 공기, 혹은 액체를 봉입한 플라스틱 튜브 등에 의해 귀 주위에 완전하게 밀착되는 구조이어야 한다.
- 길이 조절을 할 수 있는 금속재질의 머리띠, 또는 걸고리 등은 적당한 탄성을 유지하여 착용자에게 압박감, 또는 불쾌감을 주지 않아야 한다.

귀마개와 귀덮개는 표 5.18의 종류에 따라서 표 5.19와 같은 차음 성능을 확보해 안전성을 보장해야 한다.

표 5.19 차음 성능

중심주파수(Hz)	차음치(dB)		
	EP－1	EP－2	EM
125	10 이상	10 미만	5 이상
250	15 이상	10 미만	10 이상
500	15 이상	10 미만	20 이상
1,000	20 이상	20 미만	25 이상
2,000	25 이상	20 이상	30 이상
4,000	25 이상	25 이상	35 이상
8,000	20 이상	20 이상	20 이상

(6) 방열복

방열복은 제철소, 또는 유리 가공업체에서 금속, 또는 유리 등을 제련, 또는 용해하는 과정에서 발산되는 고열로부터 화상, 또는 열중증을 예방하기 위하여 사용된다. 인체는 외부 환경의 변화에 대하여 일정하게 체온을 유지하려는 항상성이 있다. 하지만 주위온도가 체온보다 높을 경우 열발산이 효과적으로 안 되어 체온조절 기능의 장해를 초래하며 이에 따라 쉽게 피로해지고, 실신, 경련, 땀띠, 열사병 등 열중증을 일으키게 된다. 따라서 화상 및 열중증을 예방하기 위하여 열을 발산시킬 수 있는 방열복을 착용해야 한다.

방열복은 착용부위에 따라 구분할 수 있으며 그 종류는 표 5.20과 같다. 몇 가지 방열복의 종류를 그림 5.13에 제시하였다.

표 5.20 방열복의 종류

종류	착용부위	질량(kg)
방열상의	상체	3.0
방열하의	하체	2.0
방열일체복	몸체상하	4.3
방열장갑	손	0.5
방열두건	머리	2.0

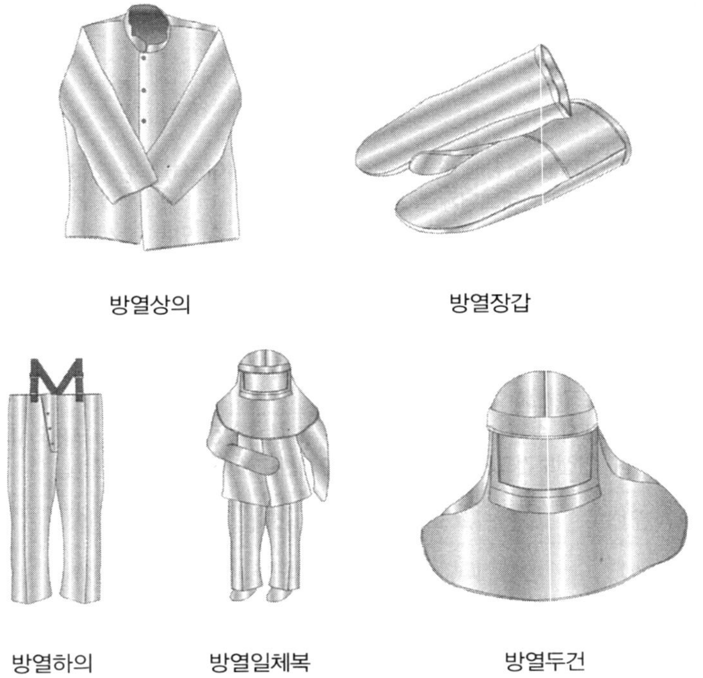

그림 5.13 방열복의 구조

방열복, 방열두건 등은 다음과 같은 일반구조를 따르고 안전을 확보하도록 확인해야 한다.

- 방열복은 파열, 절상, 균열이 생기거나 피막이 벗겨지지 않아야 하고, 기능상 지장을 초래하는 흠이 없어야 한다.
- 방열복은 착용 및 조작이 원활하여야 하며, 착용상태에서 작업을 수행하는데 지장이 없어야 한다.
- 방열복을 사용하는 금속부품은 내식성 재질, 또는 내식처리를 하여야 한다.
- 방열상의의 앞가슴 및 소매의 구조는 열풍이 쉽게 침입할 수 없도록 해야 한다.
- 방열두건의 앞면 렌즈는 평면상에 투영시켰을 때 크기가 가로 150mm 이상, 세로 80mm 이상이고 견고하게 고정되어 외부 물체의 형상이 정확히 보일 수 있도록 한다.
- 방열두건의 안전모는 안전인증 제품을 사용하고, 상부에는 공기를 배출할 수 있는 구조로 하며, 하부에는 열풍의 침입방지를 위한 보호포가 있어야 한다.
- 땀수는 균일하게 박아야 하며 2땀/cm 이상이어야 한다.
- 박아뒤집는 봉제시접은 3mm 이상이어야 한다.

• 박이시작, 끝맺음, 특히 터지기 쉬운 곳에 대해서는 2회 이상 되돌아 박기를 해야 한다.

(7) 보안경

과도한 빛으로부터 눈을 보호하기 위해 차광 보안경을 착용해야 하며 종류에 따라 안전인증 혹은 자율안전확인이 필요하며 표 5.21에 따라 구분한다.

표 5.21 보안경의 종류

안전인증 (차광 보안경)	자외선용	자외선이 발생하는 장소
	적외선용	적외선이 발생하는 장소
	복합용	자외선과 적외선이 발생하는 장소
	용접용	산소용접 등과 같이 자외선, 적외선 및 강렬한 가시광선이 발생하는 장소
자율안전확인	유리보안경	
	플라스틱보안경	
	도수렌즈보안경	

차광 보안경은 안전을 확보하기 위해 다음과 같은 일반 구조 조건을 갖추어야 한다.

• 차광 보안경에는 돌출 부분, 날카로운 모서리나 사용 도중에 불편하거나 상해를 줄 수 있는 결함이 없어야 한다.
• 착용자와 접촉하는 차광 보안경의 모든 부분에는 피부자극을 유발하지 않는 재질을 사용해야 한다.
• 머리띠를 착용하는 경우에 착용자의 머리와 접촉하는 모든 부분의 폭이 최소한 10mm 이상 되어야 하며, 머리띠는 조절이 가능해야 한다.
• 차광 보안경의 시야범위는 수평 22.0mm, 수직 20.0mm 이상이어야 한다.

(8) 용접용 보안면

용접용 보안면은 일반적으로 안면보호구로 분류하고 있으나, 구조상 눈을 보호하는 기능도 갖는다. 사용 구분은 아아크 및 가스용접, 절단작업 시에 발생하는 유해광선으로부터 눈을 보호하고 용접 시 발생하는 열에 의한 얼굴 및 목 부분의 열상이나 가열된 용재 등의 파편에 의한 화상의 위험으로부터 근로자를 보호하기 위해 사용한다.

용접용 보안면은 용접필터의 자동변화 유무에 따라 자동용접필터형과 일반용접필터형으로 구분된다. 또한 용접용 보안면의 형태는 헬멧형과 핸드실드형으로 구분되며 그 구조는 표 5.22와 같다.

표 5.22 용접용 보안면 형태

형태	구조
헬멧형	안전모나 착용자의 머리에 지지대나 헤드밴드 등을 이용하여 적정위치에 고정하여 사용하는 형태(자동용접필터형, 일반용접필터형)
핸드실드형	손에 들고 이용하는 보안면으로 적절한 필터를 장착하여 눈 및 안면을 보호하는 형태

용접용 보안면의 안전을 확보하기 위해 다음과 같은 일반 구조 조건을 갖추어야 한다.

- 보안면에는 돌출 부분, 날카로운 모서리나 사용 도중에 불편하거나 상해를 줄 수 있는 결함이 없어야 한다.
- 착용자와 접촉하는 차광 보안경의 모든 부분에는 피부자극을 유발하지 않는 재질을 사용해야 한다.
- 머리띠를 착용하는 경우에 착용자의 머리와 접촉하는 모든 부분의 폭이 최소한 10mm 이상 되어야 하며, 머리띠는 조절이 가능해야 한다.

5.3 | 안전보건표지

5.3.1 안전보건표지 종류

안전보건표지는 유해한 기계 · 기구나 자재의 위험성을 표시하여 경고함으로서 작업자로 하여금 예상되는 산업재해를 방지하기 위한 것이다. 사용 목적에 따라 금지, 경고, 지시, 안내, 관계자외 출입금지 5가지로 나눌 수 있다. 구체적으로 안전보건표지에 대한 설명을 표 5.23에 제시하였으며 산업안전표지를 그림 5.14에 나타냈다.

(1) 금지표지

출입금지, 보행금지, 차량통행 금지, 사용금지, 금연, 화기금지, 물체이동 금지가 있으며, 흰색 바탕에 기본 모형은 빨간색이고, 관련부호 및 그림은 검은색이다.

(2) 경고표지

인화성 물질 경고, 산화성 물질 경고, 폭발물 경고, 독극물 경고, 부식성 물질 경고, 방사성 물질 경고, 고압전기 경고, 매달린 물체 경고, 낙하물체 경고, 고온 경고, 저온 경고, 몸균형 상실 경고, 레이저 광선 경고, 유해물질 경고, 위험장소 경고가 있다. 바탕은 노란색, 기본 모형 관련 부호 및 그림은 검은색이다. 다만, 인화성 물질 경고, 산화성 물질 경고, 폭발성 물질 경고, 급독성 물질 경고, 부식성 물질 경고, 발암성 · 변이원성 · 생식독성 · 전신독성 · 호흡기 과민성 물질 경고의 경우에 바탕은 무색, 기본 모형은 빨간색(검은색도 가능)이다.

(3) 지시표지

보안경 착용, 방독마스크 착용, 방진마스크 착용, 보안면 착용, 안전모 착용, 귀마개 착용, 안전화 착용, 안전장갑 착용, 안전복 착용이 있으며 바탕은 파란색, 관련 그림은 흰색이다.

(4) 안내표지

녹십자 표지, 응급구호 표지, 들것, 세안장치, 비상구, 좌측 비상구, 우측 비상구가 있다. 바탕은 흰색, 기본 모형 및 관련 부호는 녹색, 바탕은 녹색, 관련 부호 및 그림은 흰색으로 나타낸다.

(5) 관계자 외 출입금지

허가대상 유해물질 취급, 석면취급 및 해체 · 제거, 금지유해 물질취급이 있으며 글자는 흰색바탕에 흑색, 다음 글자는 적색으로 표시한다.

표 5.23 안전보건표지의 종류[금지표지]

종류	용도 및 사용 장소	사용 장소 예
1. 출입금지	출입을 통제해야 할 장소	조립해체 작업장 입구
2. 보행금지	사람이 다녀서는 안 될 장소	중장비 운전 작업장
3. 차량통행 금지	제반 운반기기 및 차량의 통행을 금지시켜야 할 장소	집단 보행 장소
4. 사용금지	수리 또는 고장 등으로 만지거나 작동을 금하여야 할 기계 · 기구 및 설비	고장난 기계
5. 탑승금지	엘리베이터 등에 타는 것이나 어떤 장소에 올라가는 것을 금지	고장난 엘리베이터
6. 금연	담배를 피워서는 안 될 장소	
7. 화기금지	화재발생의 염려가 있는 장소로서 화기취급을 금하는 장소	화학물질 취급 장소
8. 물체이동 금지	정리정돈 상태의 물체나 움직여서는 안 될 물체를 보존하기 위하여 필요한 장소	절전 스위치 옆

표 5.23(계속) 안전보건표지의 종류[경고표지]

종류	용도 및 사용 장소	사용 장소 예
1. 인화성 물질	휘발유나 그 저장소 등 화기의 취급을 극히 주의하여야 하는 물질이 있는 장소	휘발유 저장탱크
2. 산화성 물질	가열 · 압축하거나 강산, 알카리 등이 첨가됨으로써 강한 산화성을 나타내는 물질이 있는 장소	질산 저장탱크
3. 폭발물 경고	폭발성의 물질이 있는 장소	폭발물 저장실
4. 독극물 경고	독극물이 있는 장소	농약제조 · 보관소
5. 부식성 물질 경고	신체나 물체에 떨어짐으로써 그 신체나 물체를 부식시키는 물질이 있는 장소	황산저장실
6. 방사성 물질 경고	방사능 물질이 있는 장소	방사성동위원소 사용실
7. 고압전기 경고	발전소나 고압이 흐르는 장소	감전염려 지역 입구

8. 매달린 물체 경고	머리위에 크레인 등과 같은 달려있는 물체가 있는 장소	크레인이 있는 작업장 입구
9. 낙하물체 경고	돌 및 블록 등 떨어질 염려가 있는 물체가 있는 장소	비계설치 장소 입구
10. 고온 경고	고도의 열을 발하는 물체 또는 온도가 아주 높은 장소	주물작업장 입구
11. 저온 경고	아주 차가운 물체 또는 온도가 아주 낮은 장소	냉동작업장 입구
12. 몸균형 상실 경고	미끄러운 장소 등 넘어지기 쉬운 장소	경사진통로 입구
13. 레이저 광선 경고	레이저 광선에 노출될 우려가 있는 장소	레이저 실험실입구
14. 유해물질 경고	기타 인체에 해로운 물체가 있는 장소 또는 당해 물체	연분진발생 장소
15. 위험장소	기타 위험한 물체가 있는 장소 또는 당해 물체	맨홀 앞

표 5.23(계속) 안전보건표지의 종류[지시표지]

종류	용도 및 사용 장소	사용 장소 예
1. 보안경 착용	보안경을 착용하여야만 작업 또는 출입을 할 수 있는 장소	그라인더 작업장 입구
2. 방독마스크 착용	방독마스크를 착용하여야만 작업 또는 출입을 할 수 있는 장소	유해물질 작업장 입구
3. 방진마스크 착용	방진마스크를 착용하여야만 작업 또는 출입을 할 수 있는 장소	분진이 많은 곳
4. 보안면 착용	보안면을 착용하여야만 작업 또는 출입을 할 수 있는 장소	용접실 입구
5. 안전모 착용	헬멧 등 안전모를 착용하여야만 작업 또는 출입을 할 수 있는 장소	갱도의 입구
6. 귀마개 착용	소음장소 등 귀마개를 착용하여야만 작업 또는 출입을 할 수 있는 장소	판금작업장 입구
7. 안전화 착용	안전화를 착용하여야만 작업 또는 출입을 할 수 있는 장소	채탄작업장 입구
8. 안전장갑 착용	안전장갑을 착용하여야만 작업 또는 출입을 할 수 있는 장소	고온 및 저온 취급작업장 입구
9. 안전복 착용	방열복 및 방한복 등의 안전복을 착용하여야만 작업 또는 출입을 할 수 있는 장소	단조작업장 입구

표 5.23(계속) 안전보건표지의 종류[안내]

종류	용도 및 사용 장소	사용 장소 예
1. 녹십자 표지	안전의식을 고취시키기 위하여 필요한 장소	공사장 및 사람들이 볼 수 있는 장소
2. 응급구호 표지	응급구호설비가 있는 장소	위생구호실 앞
3. 들것	구호를 위한 들것이 있는 장소	위생구호실 앞
4. 세안장치	세안장치가 있는 장소	위생구호실 앞
5. 비상구	비상출입구	위생구호실 앞
6. 좌측 비상구	비상구가 좌측에 있음을 알려야 하는 장소	위생구호실 앞
7. 우측 비상구	비상구가 우측에 있음을 알려야 하는 장소	위생구호실 앞

표 5.23(계속) 안전보건표지의 종류[출입금지표지]

종류	용도 및 사용 장소	사용 장소 예
1. 허가대상 유해물질 취급	허가대상유해물질 제조, 사용 작업장	출입구 (단, 실외 또는 출입구가 없을 시 근로자가 보기 쉬운 장소)
2. 석면취급 및 해체 · 제거	석면 제조, 사용, 해체 · 제거 작업장	
3. 금지유해 물질취급	금지유해물질 제조 · 사용 설비가 설치된 장소	

그림 5.14 산업안전표지

5.3.2 안전보건표지 기준

안전보건표지는 사용 목적에 따라 금지, 경고, 지시, 안내, 관계자외 출입금지 5가지로 나누어 살펴보았다. 사용 목적에 따라 적합한 색채와 색도를 선택하여 사용해야 하며 그 기준을 표 5.24에 제시하였다. 또한 안전보건표지를 작성하는데 필요한 기본 모형이 규정되어 있으며 표 5.25에 나타냈다.

표 5.24 안전보건표지의 색채와 색도 기준

색채	색도기준	용도	사용예
빨간색	7.5R 4/14	금지	정지신호, 소화설비 및 그 장소, 유해행위의 금지
		경고	화학물질 취급장소에서의 유해 · 위험 경고
노란색	5Y 8.5/12	경고	화학물질 취급장소에서의 유해 · 위험 경고 이외의 위험경고, 주의표지 또는 기계 방호물
파란색	2.5PB 4/10	지시	특정 행위의 지시, 사실의 고지
녹색	2.5G 4/10	안내	비상구 및 피난소, 사람 또는 차량의 통행표지
흰색	N9.5		파란색 또는 녹색에 대한 보조색
검은색	N0.5		문자 및 빨간색 또는 노란색에 대한 보조색

(1) 허용 오차범위 H= ±2, V= ±0.3, C= ±1(H는 색상, V는 명도, C는 채도를 의미함.

(2) 색도기준은 한국산업규격(KS)에 따른 색의 3속성에 의한 표시방법에 따른다.

표 5.25 안전보건표지판의 기본모형

번호	기본모형	규격비율	표시사항
1	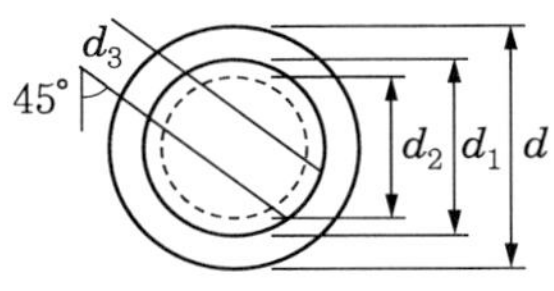	$d \geq 0.025L$ $d_1 = 0.8d$ $0.7d < d_2 < 0.8d$ $d_3 = 0.1d$	금지
2	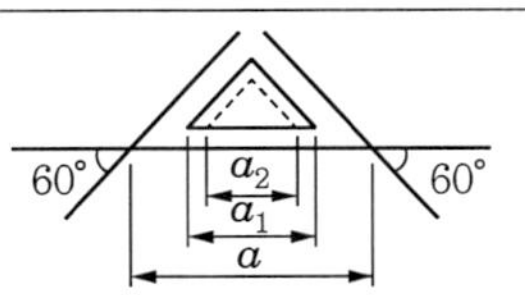	$a \geq 0.034L$ $a_1 = 0.8a$ $0.7a < a_2 < 0.8a$	경고
	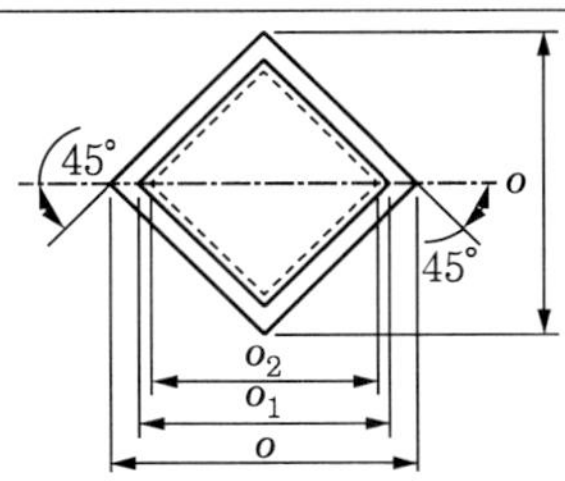	$a \geq 0.025L$ $a_1 = 0.8a$ $0.7a < a_2 < 0.8a$	

번호	기본모형	규격비율	표시사항
3	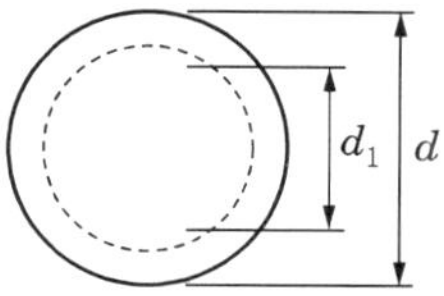	$d \geq 0.025L$ $d_1 = 0.8d$	지시
4	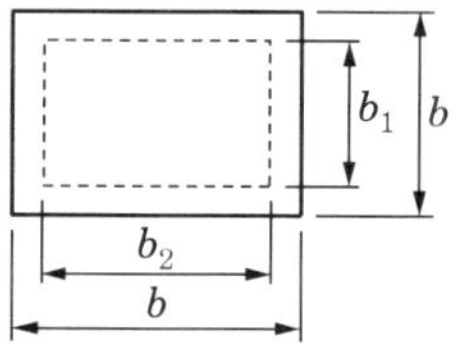	$b \geq 0.0224L$ $b_2 = 0.8b$	안내
5	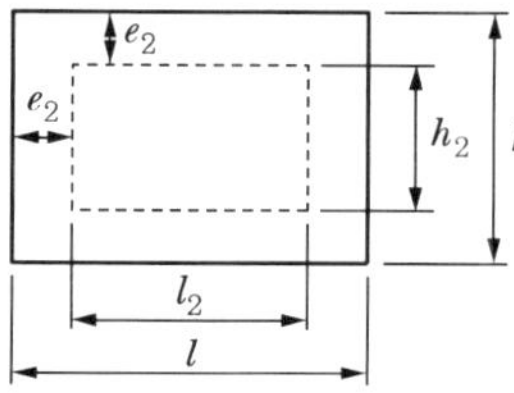	$h < l$ $h_2 = 0.8h$ $l \times h \geq 0.0005L_2$ $h - h_2 = l - l_2 = 2e_2$ $l/h = 1, 2, 4, 8$(4종류)	안내
6	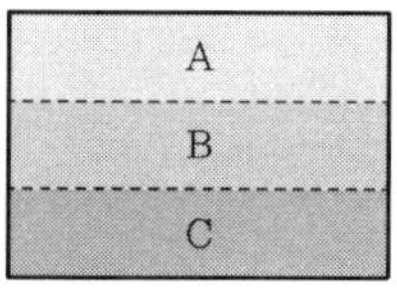 모형 안쪽에는 A, B, C로 3가지 구역으로 구분하여 글씨를 기재한다.	1. 모형크기(가로 70cm, 세로 25cm 이상) 2. 글자크기(A : 가로 4cm, 세로 5cm 이상, B : 가로 2.5cm, 세로 3cm 이상, C : 가로 3cm, 세로 3.5cm 이상)	관계자외 출입금지
7	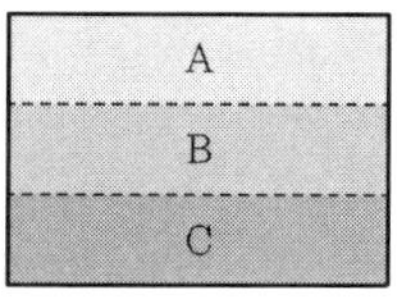 모형 안쪽에는 A, B, C로 3가지 구역으로 구분하여 글씨를 기재한다.	1. 모형크기(가로 70cm, 세로 50cm 이상) 2. 글자크기(A : 가로 8cm, 세로 10cm 이상, B, C : 가로 6cm, 세로 6cm 이상)	관계자외 출입금지

* L은 안전보건표지를 인식할 수 있거나 인식해야 할 안전거리를 말한다(L, a, b, d는 동일한 단위로 계산한다). 점선 안쪽에는 표시 사항과 관련된 부호 또는 그림을 그린다.

안전보건표지 이외에도 안전을 위해 현장 근무 중에 안전보건관리 책임자, 안전관리자, 관리감독자는 안전완장을 착용해야 한다. 안전완장에는 노란색 바탕에 검은색 한글 고딕체로 직임을 표시해야 한다. 또한 안전표찰은 녹십자 표지를 말하며 이를 부착할 곳은 작업복 또는 보호의의 우측 어깨, 안전모의 좌우면, 안전완장이다.

MEMO

CHAPTER

06

산업안전보건법규

CONTENTS

SECTION 6.1 | 산업안전보건법 ······························ 139
SECTION 6.2 | 산업안전보건법 시행령 ·············· 148
SECTION 6.3 | 산업안전보건법 시행규칙 ·········· 152
SECTION 6.4 | 건설기술진흥법 ······························ 165
SECTION 6.5 | 시설물의 안전 및 유지관리에 관한 특별법 ······································ 167

CHAPTER

06 산업안전보건법규

INDUSTRIAL SAFETY MANAGEMENT

산업안전보건법의 체제는 (1) 산업재해 예방을 위한 기본적인 제도, 사업주 · 근로자 및 정부가 행할 사업수행의 근거 규범을 설정한 산업안전보건법, (2) 제도시행 대상 범위 · 종류 등을 설정한 산업안전보건법 시행령, (3) 법 및 시행령에서 위임 사항에 대한 설정에 관한 산업안전보건법 시행규칙으로 이루어져 있다. 이외에도 고시 · 예규 · 훈령과 지침 · 표준 등이 있다. 본 장에서 건설안전과 관련된 건설기술진흥법과 시설물의 안전 및 유지관리에 관한 특별법(시행령 포함)에 대해서도 간단하게 기술한다.

6.1 산업안전보건법

산업안전보건제도는 근로자가 일하고 있는 사업장의 산업재해를 예방하고 쾌적한 작업 환경을 조성하여 근로자의 생명과 신체의 안전을 도모하고 질병을 방지하며, 건강을 유지 · 증진시키기 위한 근로자 보호제도이다. 산업 고도화와 함께 국가 간 경쟁이 치열해지면서 산업안전보건제도가 단순히 인도주의적 입장뿐만 아니라 기업경영 차원에서도 매우 중요한 의미를 지니고 있다. 산업안전보건법은 산업안전 · 보건에 관한 기준을 확립하고 그 책임의 소재를 명확하게 하여 산업재해를 예방하고 쾌적한 작업 환경을 조성함으로서 근로자의 안전과 보건을 유지 및 증진함을 목적으로 한다. 이 법의 의의는 근로자의 생명 보호, 노동력 손실 방지, 생산성 향상, 국가경제 발전에 기여하기 위한 것이다.

산업안전보건법은 국가 · 지방자치단체 · 정부투자기관을 포함한 모든 사업 또는 사업장에 적용된다. 유해 · 위험의 정도, 사업의 종류, 규모 · 소재지 등을 고려하여 대통령이 정하는 사업에 대해서 산업안전보건법의 전부 또는 일부가 적용되지 않을 수 있다.

6.1.1 주요 용어 정의

- 산업재해 : 근로자가 업무에 관계되는 건설물 · 설비 · 원재료 · 가스 · 증기 · 분진 등에 의하거나 작업 또는 그 밖의 업무로 인하여 사망 또는 부상하거나 질병에 걸리는 것을 말한다.
- 근로자 : 직업의 종류와 관계없이 임금을 목적으로 사업이나 사업장에서 근로를 제공하는 자를 말한다(근로기준법 제2조 제1항 제1호).
- 근로자대표 : 근로자의 과반수로 조직된 노동조합이 있는 경우에는 그 노동조합을, 근로자의 과반수로 조직된 노동조합이 없는 경우에는 근로자의 과반수를 대표하는 자를 말한다.
- 사업주 : 근로자를 사용하여 사업을 행하는 자를 말한다.
- 작업환경측정 : 작업환경 실태를 파악하기 위하여 해당 근로자 또는 작업장에 대하여 사업주가 측정계획을 수립하여 시료를 채취하여 분석 · 평가하는 것을 말한다.
- 안전 · 보건진단 : 산업재해를 예방하기 위하여 잠재적 위험성의 발견과 그 개선 대책을 수립할 목적으로 고용노동부장관이 지정하는 자가 실시하는 조사 · 평가를 말한다.
- 중대재해 : 산업재해 중 사망 등 재해의 정도가 심한 것으로서 고용노동부령이 정하는 재해를 말한다.

[TIP] 중대재해란?
① 사망자가 1명 이상 발생한 재해
② 3개월 이상의 요양이 필요한 부상자가 동시에 2명 이상 발생한 재해
③ 부상자 또는 직업성 질병자가 동시에 10명 이상 발생한 재해

6.1.2 책무와 의무 사항

책무와 의무 사항에 대해서는 1장에서 언급하였으나 본 장에서 몇 가지 사항 등은 중복하여 기술되어 있다.

(1) 정부의 책무

정부는 산업안전보건의 목적을 달성하기 위해 다음 사항을 성실하게 이행하고 그 책무를 져야 한다.

① 산업안전보건정책의 수립 · 집행 · 조정 및 통제에 관한 사항
② 재해 다발 사업장에 대한 재해 예방 지원 및 지도에 관한 사항
③ 유해하거나 위험한 기계 · 기구 · 설비 및 방호장치 · 보호구 등의 안전성 평가 및 개선에 관한 사항
④ 유해하거나 위험한 기계 · 기구 · 설비 및 물질 등에 대한 안전 · 보건상의 조치기준 작성 및 지도 · 감독에 관한 사항
⑤ 사업의 자율적인 안전 · 보건 경영체제 확립을 위한 지원에 관한 사항
⑥ 안전 · 보건 의식을 고취시키기 위한 홍보 · 교육 및 무재해 운동 추진에 관한 사항
 - 안전 · 보건 의식을 고취시키기 위한 시책 마련(강조 기간/홍보 활동 등)
 - 무재해 운동 추진(확산/목표 설정/활성화 방안 등)

⑦ 안전 · 보건을 위한 기술의 연구 · 개발 및 시설의 설치 · 운영에 관한 사항
⑧ 산업재해에 관한 조사 및 통계의 유지 · 관리에 관한 사항
⑨ 안전 · 보건 관련 단체 등에 대한 지원 및 지도 · 감독
⑩ 그 밖의 근로자의 안전 및 건강의 보호 · 증진에 관한 사항

(2) 사업주의 의무

사업주는 이 법에서 정한 산업재해예방을 위한 기준을 준수하며, 해당 사업장의 안전 · 보건에 관한 정보를 근로자에게 제공하고, 근로조건의 개선을 통하여 적절한 작업환경을 조성해야 한다. 그 결과, 근로자의 신체적 피로와 정신적 스트레스 등으로 인한 건강장해를 예방하고 근로자의 생명보전과 안전 및 보건을 유지 · 증진하도록 하여야 한다. 또한 국가에서 시행하는 산업재해예방시책에 따라야 한다.

기계 · 기구 그 밖에 설비를 설계 · 제조 또는 수입하는 자, 원재료 등을 제조 · 수입하는 자 또는 건설물을 설계 · 건설하는 자는 그 설계 · 제조 · 수입 또는 건설을 함에 있어서 이 법에서 정한 기준을 준수하여야 한다. 또한 그 물건의 사용에 의한 산업재해 발생의 방지에 노력해야 한다.

(3) 근로자의 의무

산업재해 예방효과를 얻을 수 있으려면, 정부의 산업재해 예방정책, 사업주의 안전 · 보건 조치

및 근로자의 의무 준수가 필수적이다. 산업안전보건법에서 사업주뿐만 아니라 법의 보호 대상인 근로자에게도 산업재해 예방에 관한 의무가 있음을 분명히 하고 있다.

근로자는 이 법에서 정한 산업재해 예방을 위한 기준을 준수하여야 한다. 근로자는 이 법과 이 법에 따른 명령으로 정하는 기준 등 산업재해 예방에 필요한 사항을 지켜야 하며, 사업주 또는 근로감독관, 안전보건공단 등 관계자가 실시하는 산업재해 방지에 관한 조치에 따르도록 규정하고 있다.

6.1.3 안전보건관리 체제와 규정

(1) 안전보건관리 책임자 업무

사업주는 사업장에 안전보건관리 책임자(이하 "관리책임자"라 한다)를 두어 다음의 업무를 총괄 관리하도록 하여야 한다(그림 6.1참고).

① 산업재해 예방계획의 수립에 관한 사항

② 안전보건관리 규정의 작성 및 그 변경에 관한 사항

③ 근로자의 안전 · 보건교육에 관한 사항

④ 작업환경의 측정 등 작업환경의 점검 및 개선에 관한 사항

⑤ 근로자의 건강진단 등 건강관리에 관한 사항

⑥ 산업재해의 원인조사 및 재발방지대책의 수립에 관한 사항

⑦ 산업재해에 관한 통계의 기록 · 유지에 관한 사항

⑧ 안전보건에 관련되는 안전장치 및 보호구 구입 시 적격품 여부 확인에 관한 사항

⑨ 그 밖의 근로자의 유해 · 위험예방 조치에 관한 사항으로서 고용노동부령이 정하는 사항

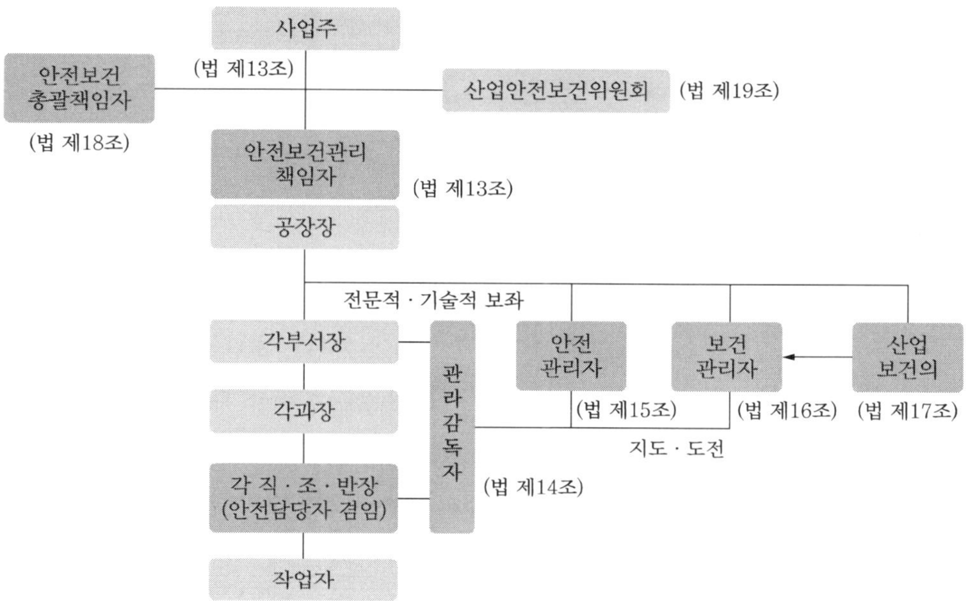

그림 6.1 산업안전보건법상 안전보건관리체제(안전보건공단)

(2) 안전보건 관리규정의 작성

사업주는 사업장의 안전 · 보건을 유지하기 위하여 다음의 사항이 포함된 안전보건 관리규정을 작성하여 각 사업장에 게시하거나 갖춰 두고, 이를 근로자에게 알려야 한다.

① 안전 · 보건관리조직과 그 직무에 관한 사항

② 안전 · 보건교육에 관한 사항

③ 작업장 안전관리에 관한 사항

④ 작업장 보건관리에 관한 사항

⑤ 사고조사 및 대책 수립에 관한 사항

⑥ 그 밖의 안전 · 보건에 관한 사항

6.1.4 유해 · 위험 예방 조치

(1) 안전상의 조치

사업주는 사업을 할 때 다음의 위험을 예방하기 위하여 필요한 조치를 하여야 한다.

① 기계 · 기구, 그 밖의 설비에 의한 위험

② 폭발성, 발화성, 인화성 물질 등에 의한 위험

③ 전기, 열, 그 밖의 에너지에 의한 위험

(2) 보건상의 조치

사업주는 사업을 할 때 다음의 건강장해를 예방하기 위하여 필요한 조치를 하여야 한다.

① 원재료, 가스, 증기, 분진, 퓸(fume), 미스트(mist), 산소결핍, 병원체 등에 의한 건강장해

② 방사선, 유해광선, 고온, 저온, 초음파, 소음진동, 이상기압 등에 의한 건강장해

③ 사업장에서 배출되는 기체, 액체 또는 잔해물 등에 의한 건강장해

④ 계측감시, 컴퓨터 단말기 조작, 정밀공작 등의 작업에 의한 건강장해

⑤ 단순 반복 작업, 또는 인체에 과도한 부담을 주는 작업에 의한 건강장해

⑥ 환기, 채광, 조명, 보온, 방습, 청결 등의 적정기준을 유지하지 않아서 발생되는 건강장해

(3) 도급사업의 안전보건조치

같은 장소에서 행하여지는 사업으로서 1) 사업의 일부를 분리하여 도급을 주는 사업, 2) 사업이 전문분야의 공사로 이루어져 시행되는 경우 각 전문 분야에 대한 공사의 전부를 도급을 주어서 하는 사업을 도급사업이라 한다. 사업주가 사용하는 근로자와 그의 수급인이 사용하는 근로자가 같은 장소에서 작업할 때에 생기는 산업재해를 예방하기 위한 조치사항은 다음과 같다.

① 안전 · 보건에 관한 협의체 구성 및 운영

② 작업장의 순회점검 등 안전 · 보건관리

③ 수급인이 행하는 근로자의 안전 · 보건 교육에 대한 지도와 지원

④ 그 밖의 산업재해예방을 위하여 고용노동부령이 정하는 사항

(4) 산업안전보건 관리비 계상기준

건설업, 선박건조 · 수리업, 그 밖에 대통령령으로 정하는 사업을 타인에게 도급하는 자와 이를 자체사업으로 하는 자는 도급계약을 체결하거나 자체사업계획을 수립하는 경우, 고용노동부장관이 정하여 고시하는 바에 따라 산업재해 예방을 위한 산업안전보건관리비를 도급금액 또는 사

업비에 계상(計上)하여야 한다. 고용노동부장관은 산업안전보건 관리비의 효율적인 집행을 위하여 다음 사항에 관한 기준을 정할 수 있다

① 공사의 진척별 사용기준

② 사업의 규모별 · 종류별 사용 방법 및 내역

③ 그 밖의 산업안전보건 관리비의 사용에 관한 필요사항

(5) 관리책임자 등의 교육

고용노동부장관이 실시하는 안전 · 보건에 관한 교육을 다음 해당자는 받아야 한다.

① 관리책임자, 안전관리자, 보건관리자 및 안전보건관리담당자

② 안전관리전문기관, 보건관리전문기관, 재해예방 전문지도기관, 석면조사기관의 종사자

③ 그 밖의 고용노동부령이 정하는 사업의 사업주 및 관리감독자

(6) 물질안전보건자료(MSDS)의 작성과 비치

근로자에게 자신이 취급하는 화학물질의 유해 · 위험성 등을 알려줌으로써 화학물질 취급 시 발생될 수 있는 외상이나 직업병을 사전에 예방하고 불의의 사고에도 신속히 대응하도록 한다. 이를 위해 고용노동부령으로 정하는 분류기준에 해당하는 화학물질 및 화학물질을 함유한 제제를 양도하거나 제공하는 자는 이를 양도받거나 제공받는 자에게 물질안전보건자료(MSDS : Material Safety Data Sheets)를 작성하여 제공하여야 한다. 기재 내용을 변경할 필요가 생긴 경우에는 이를 물질안전보건자료에 반영하여 물질안전보건자료를 양도받거나 제공받은 자에게 신속하게 제공하도록 규정하고 있다.

사업주는 화학물질, 또는 화학물질을 함유한 제제를 제조, 수입, 사용, 운반, 또는 저장할 때 다음 사항을 기재한 자료를 작성하여 취급 근로자가 쉽게 볼 수 있는 장소에 게시, 또는 비치하여야 한다.

① 대상 화학물질의 명칭

② 구성 성분의 명칭 및 함유량

③ 안전 · 보건상의 취급주의 사항

④ 건강 유해성 및 물리적 위험성

⑤ 그 밖의 고용노동부령으로 정한 사항

6.1.5 기타 사항

(1) 산업안전보건정책심의위원회

① 안전 · 보건 업무에 관한 기본계획 및 중앙행정기관과 관련되는 주요 정책을 종합적으로 심의 · 조정하기 위하여 고용노동부에 산업안전보건정책심의위원회를 둔다.

② 정책심의위원회의 조직, 기능, 운영, 그 밖의 필요한 사항은 대통령령으로 정한다.

(2) 산업재해 예방계획의 수립 · 공표

① 고용노동부장관은 산업재해예방에 관한 중 · 장기 기본계획을 수립하여야 한다.

② 고용노동부장관은 규정(8조 1항)에 의해 수립한 산업재해 예방계획을 산업재해보상보험 및 예방심의 위원회의 심의를 거쳐 공표하여야 한다. 이를 변경할 때도 동일하다.

(3) 산업재해기록

사업주는 산업재해가 발생하였을 때, 그 발생 사실을 은폐해서는 안 되며 재해발생 원인 등을 기록 · 보존하여야 한다. 기록한 산업재해 중 고용노동부령으로 정하는 산업재해(사망자가 발생하거나 3일 이상의 휴업이 필요한 부상을 입거나 질병에 걸린 사람이 발생한 경우)에 대하여는 그 발생 개요 · 원인 및 보고 시기, 재발방지 계획 등을 고용노동부령으로 정하는 바에 따라 고용노동부장관에게 보고하여야 한다.

사업주는 산업재해가 발생한 사실을 알게 된 경우에 관할 지방고용노동관서의 장에게 ① 사업장의 개요 및 근로자의 인적사항, ② 재해발생 일시 및 장소, ③ 재해발생 원인 및 과정, ④재해 재발방지 계획을 기록하고 3년간 보존한다.

사업주는 중대재해에 대한 발생 사실을 알게 된 경우에 관할 지방고용노동관서의 장에게 ① 발생 개요 및 피해 상황, ② 조치 및 전망, ③ 그 밖의 중요사항을 포함한 사항을 전화 · 팩스, 또는 그 밖에 적절한 방법으로 지체 없이 보고한다.

여기서 '지체 없이'란 정당한 사유(재해 등으로 인한 통신수단의 이용이 곤란하거나 재해자 응급구호, 2차 재해 발생방지를 위한 조치 등 최소한의 안전 · 보건 조치를 위하여 지체되는 경우 등)가 없는 한 '즉시'로 해석한다.

'휴업'이란 산업재해로 등으로 회사에 출근하지 못하는 경우를 말한다. '휴업 3일'이란 산업재해 등으로 3일 이상 회사에 출근하지 못한 것을 말하며, 휴업일 집계 시 사고 발생일은 포함되지 않는다.

사업주는 산업재해로 사망자가 발생하거나 3일 이상의 휴업이 필요한 부상을 입거나 질병에 걸린 사람이 발생한 경우에 해당 산업재해가 발생한 날부터 1 개월 이내에 산업재해조사표를 작성하여 관할 지방고용노동관서의 장에게 제출(전자문서에 의한 제출을 포함한다)하고, 이를 보존하여야 한다.

(4) 안전 · 보건표지의 부착

사업주는 사업장의 유해, 또는 위험한 시설 및 장소에 대한 경고, 비상시 조치의 안내, 그 밖의 안전의지의 고취를 위하여 고용노동부령이 정한 바에 의하여 안전 · 보건표지를 설치하거나 부착해야 한다. 흔들리거나 쉽게 파손되지 아니하도록 견고하게 설치하거나 부착하여야 한다. 외국인 근로자를 채용한 사업주는 해당 국어로 된 안전 · 보건표지와 안전수칙을 부착하도록 노력하여야 한다.

사업주는 사업장의 유해하거나 위험한 시설 및 장소에 대한 경고, 비상시 조치에 대한 안내, 그 밖에 안전의식의 고취를 위하여 안전 · 보건표지를 설치하거나 부착하여야 한다. 안전 · 보건표지의 종류에는 금지표시, 경고표시, 지시표시, 안내표시, 관계자 외 출입금지 표시가 있다.

[TIP] 준수사항
- 작업장 내 설치장소의 조건이나 상태에 따라 적정하게 제작 · 설치 및 사용한다.
- 임의로 안전 · 보건표지를 보이지 않게 가리거나 제거해서는 안 된다.
- 안전 · 보건표지는 근로자가 용이하게 식별할 수 있도록 눈에 잘 띄는 위치에 설치한다.
- 부착된 안전 · 보건표지에 항상 관심과 주의를 기울여야 한다.
- 안전 · 보건표지 내용 준수를 생활화하도록 하며, 필요한 사항은 교육을 실시한다.
- 주기적으로 안전 · 보건표지의 설치상태 및 변형 유무 등을 점검한다.
- 유해 · 위험요인이 변경된 작업장의 경우에는 그에 적절한 안전 · 보건표지를 교체해 설치한다.

6.2 산업안전보건법 시행령

시행령은 산업안전보건법에서 위임된 사항과 그 시행에 필요한 사항을 규정하기 위한 목적이다.

(1) 중대재해 공표대상 사업장 및 책임자 선임

1) 중대재해가 발생한 사업장으로서 해당 중대재해 발생연도의 연간 산업재해율이 규모별 같은 업종의 평균 재해율 이상인 사업장, 2) 산업재해로 인한 사망자(이하 "사망재해자"로 한다)가 연간 2명 이상 발생한 사업장, 사망만인율(사망재해자 수를 연간 상시근로자 1만명당 발생하는 사망재해자 수로 환산한 것을 말한다)이 규모별 같은 업종의 평균 사망만인율 이상인 사업장, 산업안전보건법을 위반하여 산업재해 발생 사실을 은폐한 사업장, 3) 산업재해의 발생에 관한 보고를 최근 3년 이내 2회 이상 하지 않은 사업장, 4) 중대산업사고가 발생한 사업장 등은 공표 대상사업장이다.

사업장의 관리감독자는 다음과 같은 업무를 수행한다.

① 사업장 내 관리감독자가 지휘 · 감독하는 작업(이하 '해당 작업'이라함)과 관련된 기계 · 기구 또는 설비의 안전 · 보건 점검 및 이상 유무의 확인

② 관리감독자에게 소속된 근로자의 작업복 · 보호구 및 방호장치 점검과 그 착용 · 사용에 관한 교육 · 지도

③ 해당 사업장에서 발생한 산업재해에 관한 보고 및 이에 대한 응급조치

④ 해당 작업의 작업장 정리 · 정돈 및 통로 확보에 대한 확인 · 감독

⑤ 해당 사업장의 산업보건의, 안전관리자 및 보건관리자, 안전보건관리담당자의 지도 · 조언에 대한 협조

⑥ 위험성 평가를 위한 업무에 기인하는 유해 · 위험요인의 파악 및 그 결과에 따른 개선조치의 이행

⑦ 그 밖의 해당 작업의 안전 · 보건에 관한 사항으로서 고용노동부령으로 정한 사항

안전보건총괄책임자 지정 대상 사업은 수급인에게 고용된 근로자를 포함한 상시 근로자가 100명(선박 및 보트 건조업, 1차 금속 제조업 및 토사석 광업의 경우에는 50명) 이상인 사업 및 수급인의 공사금액을 포함한 해당 공사의 총공사금액이 20억원 이상인 건설업을 말한다.

안전보건총괄책임자 직무는 다음과 같다.

① 작업의 중지 및 재개

② 도급사업 시의 안전 · 보건 조치

③ 수급인의 산업안전보건관리비의 집행 감독 및 그 사용에 관한 수급인 간의 협의 · 조정

④ 안전인증대상 기계 · 기구 등과 자율안전확인대상 기계 · 기구 등의 사용 여부 확인

⑤ 위험성평가의 실시에 관한 사항

(2) 유해 · 위험예방조치

도급 금지 및 도급사업의 안전 · 보건 조치에 관한 시행령을 살펴보면, "대통령령으로 정하는 작업"이란 같은 사업장 내에서 공정의 일부분을 도급하는 경우로서 다음의 어느 하나에 해당하는 작업을 말한다.

① 도금작업

② 수은, 납, 카드뮴 등 중금속을 제련, 주입, 가공 및 가열하는 작업

③ 허가를 받아야 하는 물질을 제조하거나 사용하는 작업

④ 그 밖에 유해하거나 위험한 작업으로서 산업재해보상보험 및 예방심의위원회의 심의를 거쳐 고용노동부장관이 정하는 작업

유해 · 위험작업에 대한 근로시간 제한 등에 관한 사항을 보면 다음과 같다.

① 근로시간이 제한되는 작업은 잠함(潛艦), 또는 잠수 작업 등 높은 기압에서 하는 작업을 말한다.

② 제1항에 따른 작업에서 잠함 · 잠수 작업시간, 가압 · 감압방법 등 해당 근로자의 안전과 보건을 유지하기 위하여 필요한 사항은 고용노동부령으로 정한다.

③ 사업주는 다음의 어느 하나에 해당하는 유해 · 위험작업에서 유해 · 위험 예방조치 외에 작업과 휴식의 적정한 배분, 그 밖에 근로시간과 관련된 근로조건의 개선을 통하여 근로자의 건강 보호를 위한 조치를 하여야 한다.

- 갱(坑) 내에서 하는 작업
- 다량의 고열물체를 취급하는 작업과 현저히 덥고 뜨거운 장소에서 하는 작업
- 다량의 저온물체를 취급하는 작업과 현저히 춥고 차가운 장소에서 하는 작업

- 라듐방사선이나 엑스선, 그 밖의 유해 방사선을 취급하는 작업
- 유리, 흙, 돌, 광물의 먼지가 심하게 날리는 장소에서 하는 작업
- 강렬한 소음이 발생하는 장소에서 하는 작업
- 착암기 등에 의하여 신체에 강렬한 진동을 주는 작업
- 인력으로 중량물을 취급하는 작업
- 납, 수은, 크롬, 망간, 카드뮴 등의 중금속 또는 이황화탄소, 유기용제, 그 밖에 고용노동부령으로 정하는 특정 화학물질의 먼지, 증기, 또는 가스가 많이 발생하는 장소에서 하는 작업

시행령에는 공정안전보고서의 제출 대상 사업장을 규정해 놓았다. "대통령령으로 정하는 유해 · 위험설비"란 다음의 어느 하나에 해당하는 사업을 하는 사업장의 경우에 그 보유 설비를 말하고, 그 외의 사업을 하는 사업장의 경우에 유해 · 위험물질 중 하나 이상을 규정량 이상 제조 · 취급 · 저장하는 설비 및 그 설비의 운영과 관련된 모든 공정설비를 말한다.

- 원유 정제처리업
- 기타 석유정제물 재처리업
- 석유화학계 기초화학물질 제조업 또는 합성수지 및 기타 플라스틱물질 제조업. 다만, 합성수지 및 기타 플라스틱물질 제조업은 별표 10의 제1호 또는 제2호에 해당하는 경우로 한정한다.
- 질소, 인산 및 칼리질 비료 제조업(인산 및 칼리질 비료 제조업에 해당하는 경우는 제외한다)
- 복합비료 제조업(단순혼합 또는 배합에 의한 경우는 제외한다)
- 농약 제조업(원제 제조만 해당한다)
- 화약 및 불꽃제품 제조업

위 항의 규정에도 불구하고 다음 설비는 유해 · 위험설비로 보지 아니한다.

- 원자력 설비
- 군사시설
- 사업주가 해당 사업장 내에서 직접 사용하기 위한 난방용 연료의 저장설비 및 사용설비
- 도매 · 소매시설
- 차량 등의 운송설비

- 「액화석유가스의 안전관리 및 사업법」에 따른 액화석유가스의 충전 · 저장시설
- 「도시가스사업법」에 따른 가스공급시설
- 그 밖에 고용노동부장관이 누출 · 화재 · 폭발 등으로 인한 피해의 정도가 크지 않다고 인정하여 고시하는 설비

공정안전보고서의 내용에는 다음 사항이 포함되어야 한다.

- 공정안전자료
- 공정위험성 평가서
- 안전운전계획
- 비상조치계획
- 그 밖에 공정상의 안전과 관련하여 고용노동부장관이 필요하다고 인정하여 고시하는 사항

공정안전보고서 제출은 유해 · 위험설비를 설치(기존 설비의 제조 · 취급 · 저장 물질이 변경되거나 제조량 · 취급량 · 저장량이 증가하여 유해 · 위험물질 규정량에 해당하게 된 경우를 포함한다) · 이전하거나 주요 구조부분을 변경할 때에는 고용노동부령으로 정하는 바에 따라 공정안전보고서를 작성하여 고용노동부장관에게 제출하여야 한다.

시행령에 제조 등이 금지되는 유해물질에 대해 규정되어 있다. 제조, 수입, 양도, 제공, 또는 사용이 금지되는 유해물질은 다음과 같다.

① 황린(黃燐) 성냥

② 백연을 함유한 페인트(함유된 용량의 비율이 2퍼센트 이하인 것은 제외한다)

③ 폴리클로리네이티드터페닐(PCT)

④ 4－니트로디페닐과 그 염

⑤ 악티노라이트석면, 안소필라이트석면 및 트레모라이트석면

⑥ 베타－나프틸아민과 그 염

⑦ 청석면 및 갈석면

⑧ 벤젠을 함유하는 고무풀(함유된 용량의 비율이 5퍼센트 이하인 것은 제외한다)

⑨ 제3호부터 제7호까지의 어느 하나에 해당하는 물질을 함유한 제제(함유된 중량의 비율이 1퍼센트 이하인 것은 제외한다)

⑩ 화학물질관리법 제2조 제4호에 따른 제한물질 및 같은 조 제5호에 따른 금지물질

⑪ 그 밖에 보건상 해로운 물질로서 산업재해보상보험 및 예방심의위원회의 심의를 거쳐 고용노동부장관이 정하는 유해물질

6.3 산업안전보건법 시행규칙

산업안전보건법 시행규칙은 산업안전보건법 및 같은 법 시행령에서 위임된 사항과 그 시행에 필요한 사항을 규정한 것이다. 시행규칙의 [정의]에 고용노동부령으로 정하는 재해를 다음의 어느 하나에 해당하는 것을 말한다.

① 사망자가 1명 이상 발생한 재해

② 3개월 이상의 요양이 필요한 부상자가 동시에 2명 이상 발생한 재해

③ 부상자 또는 직업성질병자가 동시에 10명 이상 발생한 재해

시행규칙의 [정의]에 "안전 · 보건표지"란 근로자의 안전 및 보건을 확보하기 위하여 위험장소 또는 위험물질에 대한 경고, 비상시에 대처하기 위한 지시 또는 안내, 그 밖에 근로자의 안전 · 보건의식을 고취하기 위한 사항 등을 그림, 기호 및 글자 등으로 표시하여 근로자의 판단이나 행동의 착오로 인하여 산업재해를 일으킬 우려가 있는 작업장의 특정 장소, 시설 또는 물체에 설치하거나 부착하는 표지를 말한다.

6.3.1 산업재해 발생 기록과 보고

(1) 산업재해 발생보고

산업재해가 발생하면 사업주는 발생 기록을 작성하여 관할 지방고용노동청장 또는 지청장에게 제출해야 한다. 그 내용은 다음과 같다.

① 사업주는 산업재해로 사망자가 발생하거나 3일 이상의 휴업이 필요한 부상을 입거나 질병에 걸린 사람이 발생한 경우에 해당 산업재해가 발생한 날부터 1개월 이내에 별지 제1호 서식의

산업재해조사표를 작성하여 관할 지방고용노동관서의 장에게 제출(전자문서에 의한 제출을 포함한다)하여야 한다.

② 사업주는 재해(이하 "중대재해"라 한다)가 발생한 사실을 알게 된 경우에 지체 없이 다음 사항을 관할 지방고용노동관서의 장에게 전화, 팩스, 또는 그 밖에 적절한 방법으로 보고하여야 한다. 다만, 천재지변 등 부득이한 사유가 발생한 경우에는 그 사유가 소멸된 때부터 지체 없이 보고하여야 한다.

- 발생 개요 및 피해 상황
- 조치 및 전망
- 그 밖의 중요한 사항

(2) 산업재해 기록

사업주는 산업재해가 발생한 때에 다음의 사항을 기록 · 보존하여야 한다. 다만, 산업재해조사표 사본을 보존하거나 요양신청서의 사본에 재해 재발방지 계획을 첨부하여 보존한 경우에는 그러하지 아니하다.

① 사업장의 개요 및 근로자의 인적사항

② 재해 발생의 일시 및 장소

③ 재해 발생의 원인 및 과정

④ 재해 재발방지 계획

6.3.2 안전 · 보건표지

(1) 안전 · 보건표지의 종류

① 안전 · 보건표지의 표시를 명백히 하기 위하여 필요한 경우에는 그 안전 · 보건표지의 주위에 표시사항을 글자로 덧붙여 적을 수 있다. 이 경우 글자는 흰색 바탕에 검은색 한글고딕체로 표기하여야 한다.

② 안전 · 보건표지에 관하여 법 또는 법에 따른 명령에서 규정하지 아니한 사항으로서 다른 법 또는 다른 법에 따른 명령에서 규정한 사항이 있으면 그 부분에 대해서는 그 법 또는 명령을 적용한다.

(2) 안전 · 보건표지의 설치

① 사업주는 안전 · 보건표지를 설치하거나 부착할 대에는 구분에 따라 근로자가 쉽게 알아볼 수 있는 장소 · 시설 또는 물체에 설치하거나 부착하여야 한다.

② 사업주는 안전 · 보건표지를 설치하거나 부착할 때에는 흔들리거나 쉽게 파손되지 아니하도록 견고하게 설치하거나 부착하여야 한다.

③ 안전 · 보건표지의 성질상 설치하거나 부착하는 것이 곤란한 경우에는 해당 물체에 직접 도장(塗裝)할 수 있다.

(3) 안전 · 보건표지의 제작

① 안전 · 보건표지는 그 종류별로 기본모형에 의하여 구분에 따라 제작하여야 한다.

② 안전 · 보건표지는 그 표시내용을 근로자가 빠르고 쉽게 알아볼 수 있는 크기로 제작하여야 한다.

③ 안전 · 보건표지 속의 그림 또는 부호의 크기는 안전 · 보건표지의 크기와 비례하여야 하며, 안전 · 보건표지 전체 규격의 30퍼센트 이상이 되어야 한다.

④ 야간에 필요한 안전 · 보건표지는 야광물질을 사용하는 등 쉽게 알아볼 수 있도록 제작하여야 한다.

6.3.3 안전 · 보건관리 체제

지방고용노동관서의 장은 다음의 어느 하나에 해당하는 사유가 발생한 경우에 사업주에게 안전관리자나 보건관리자(이하 "관리자"라 한다)를 정수 이상으로 증원하게 하거나 교체하여 임명할 것을 명할 수 있다. 다만, 제4호에 해당하는 경우로서 직업성 질병자 발생 당시 사업장에서 해당 화학적 인자를 사용하지 아니하는 경우에는 그러하지 아니하다.

① 해당 사업장의 연간재해율이 같은 업종의 평균재해율의 2배 이상인 경우

② 중대재해가 연간 3건 이상 발생한 경우

③ 관리자가 질병이나 그 밖의 사유로 3개월 이상 직무를 수행할 수 없게 된 경우

④ 화학적 인자로 인한 직업성질병자가 연간 3명 이상 발생한 경우. 이 경우 직업성 질병자 발생일은 요양급여의 결정일로 한다.

6.3.4 도급사업의 안전 · 보건

(1) 협의체 구성과 운영

① 협의체는 도급인인 사업주 및 그의 수급인인 사업주 전원으로 구성하여야 한다.

② 협의체는 작업의 시작 시간, 작업 또는 작업장 간의 연락 방법, 재해발생 위험시의 대피 방법, 작업장에서 위험성평가의 실시에 관한 사항, 사업주와 수급인 또는 수급인 상호 간의 연락 방법 및 작업공정의 조정 등을 협의해야 한다.

③ 협의체는 매월 1회 이상 정기적으로 회의를 개최하고 그 결과를 기록 · 보존하여야 한다.

(2) 작업장의 순회점검

① 도급인인 사업주는 다음 작업장을 2일에 1회 이상 순회 점검해야 한다.

1. 건설업
2. 제조업
3. 토사석 광업
4. 서적, 잡지 및 기타 인쇄물 출판업
5. 음악 및 기타 오디오물 출판업
6. 금속 및 비금속 원료 재생업

위의 사업을 제외한 사업의 경우에 1주일에 1회 이상 순회 점검해야 한다.

② 수급인인 사업주는 제1항에 따라 도급인인 사업주가 실시하는 순회점검을 거부 · 방해 또는 기피하여서는 아니 되며 점검 결과 도급인인 사업주의 시정요구가 있으면 이에 따라야 한다.

③ 도급인인 사업주는 수급인인 사업주가 실시하는 근로자의 해당 안전 · 보건교육에 필요한 장소 및 자료의 제공 등 필요한 조치를 하여야 한다.

④ "고용노동부령으로 정하는 산업재해 발생위험이 있는 장소"란 다음의 어느 하나에 해당하는 장소를 말한다.

1. 토사, 구축물, 인공구조물 등이 붕괴될 우려가 있는 장소
2. 기계 · 기구 등이 넘어지거나 무너질 우려가 있는 장소
3. 안전난간의 설치가 필요한 장소
4. 비계 또는 거푸집을 설치하거나 해체하는 장소
5. 건설용 리프트를 운행하는 장소
6. 지반을 굴착하거나 발파작업을 하는 장소
7. 엘리베이터홀 등 근로자가 추락할 위험이 있는 장소
8. 도급금지 작업을 하는 장소
9. 화재, 폭발 우려가 있는 다음 각 목의 작업을 하는 장소
   가. 선박 내부에서의 용접 · 용단작업
   나. 안전보건규칙에 따른 특수화학설비에서의 용접 · 용단작업
   다. 안전보건규칙에 따른 인화성 물질을 취급 · 저장하는 설비 및 용기에서의 용접 · 용단작업
10. 안전보건규칙에 따른 밀폐공간으로 되어 있는 장소에서 작업을 하는 경우 그 장소
11. 석면이 붙어 있는 물질을 파쇄 또는 해체하는 작업을 하는 장소
12. 안전보건규칙에 따른 위험물질을 제조하거나 취급하는 장소
13. 안전보건규칙에 따른 유기화합물취급 특별 장소
14. 공중 전선에 가까운 장소로서 시설물의 설치 · 해체 · 점검 및 수리 등의 작업을 할 때 감전의 위험이 있는 장소
15. 물체가 떨어지거나 날아올 위험이 있는 장소
16. 프레스 또는 전단기(剪斷機)를 사용하여 작업을 하는 장소
17. 안전보건규칙에 따른 화학설비 및 그 부속설비에 대한 정비 · 보수 작업이 이루어지는 장소
18. 안전보건규칙에 따른 방사선 업무를 하는 장소
19. 차량계 하역운반기계 또는 차량계 건설기계를 사용하여 작업하는 장소
20. 전기 기계 · 기구를 사용하여 감전의 위험이 있는 작업을 하는 장소

⑤ 도급인인 사업주가 하여야 할 조치는 이 규칙에서 정한 사항을 제외하고는 안전보건규칙의 내용에 따른다.

(3) 도급사업의 합동안전 · 보건 점검

① 도급인인 사업주가 안전 · 보건점검을 할 때, 다음의 사람으로 점검반을 구성하여야 한다.

- 도급인인 사업주

  같은 사업 내에 지역을 달리하는 사업장이 있는 경우에는 그 사업장의 최고책임자
- 수급인인 사업주

  같은 사업 내에 지역을 달리하는 사업장이 있는 경우에는 그 사업장의 최고책임자
- 도급인 및 수급인의 근로자 각 1명

수급인의 근로자의 경우에는 해당 공정에만 해당한다.

② 정기 안전 · 보건점검의 실시 횟수는 다음 사업의 경우에 2개월에 1회 이상 실시해야 한다. 다음 사업을 제외한 사업은 분기에 1회 이상 실시해야 한다.

- 건설업
- 선박 및 보트 건조업

(4) 산업안전보건 관리비의 사용

① 수급인, 또는 자체사업을 하는 자가 사업의 일부를 타인에게 도급하려는 경우에 도급금액, 또는 사업비에 계상된 산업안전보건관리비의 범위에서 그의 수급인에게 해당 사업의 위험도를 고려하여 적정하게 산업안전보건관리비를 지급하여 사용하게 할 수 있다.

② 사업주(제 1항에 따라 그의 수급인이 직접 사용하는 경우에 해당 수급인인 사업주를 말한다)는 고용노동부장관이 정하는 바에 따라 해당 공사를 위하여 계상된 산업안전보건관리비를 그가 사용하는 근로자와 그의 수급인이 사용하는 근로자의 산업재해 및 건강장해 예방에 사용하고 그 사용명세서를 작성하고 공사 종료 후 1년간 보존하여야 한다.

③ "고용노동부령으로 정하는 자"란 공사금액 3억원(「전기공사업법」에 따른 전기공사 및 「정보통신공사업법」에 따른 정보통신공사는 1억원) 이상 120억원(「건설산업기본법 시행령」의 토목공사업에 속하는 공사는 150억원) 미만인 공사를 하는 자를 말한다. 다만, 다음의 어느 하나에 해당하는 공사를 하는 자는 제외한다.

- 공사기간이 3개월 미만인 공사
- 육지와 연결되지 아니한 섬지역(제주특별자치도는 제외한다)에서 이루어지는 공사
- 사업주가 안전관리자의 자격을 가진 사람을 선임(같은 광역 자치단체의 지역 내에서 같은 사업주가 경영하는 셋 이하의 공사에 대하여 공동으로 안전관리자 자격을 가진 사람 1명을 선임한 경우를 포함한다)하여 안전관리자의 업무만을 전담하도록 하는 공사. 이 경우 사업주는 별지 제1호의2(2)서식의 안전관리자 선임 등 보고서(건설업)를 관할 지방고용노동관서의 장에게 제출하여야 한다.
- 유해 · 위험방지계획서를 제출하여야 하는 공사

6.3.5 기계 · 기구의 방호조치 및 방호장치

유해하거나 위험한 기계 · 기구 등의 방호조치 등을 하도록 산업안전보건법에 규정되어 있다. 이에 따라 기계 · 기구에 설치하여야 할 방호장치는 다음과 같다.

① 예초기에 날접촉 예방장치

② 원심기에 회전체 접촉 예방장치

③ 공기압축기에 압력방출장치

④ 금속절단기에 날접촉 예방장치

⑤ 지게차에 헤드 가드, 백레스트(backrest), 전조등, 후미등, 안전벨트

⑥ 포장기계에 구동부 방호 연동장치

대상 기계 · 기구 중 동력에 의해 작동되는 기계 · 기구에 추가로 해야 할 방호조치는 다음과 같다.

① 작동 부분의 돌기부분은 문힘형으로 하거나 덮개를 부착할 것

② 동력전달부분 및 속도조절부분에 덮개를 부착하거나 방호망을 설치할 것

③ 회전기계의 물림점(롤러 · 기어 등)에 덮개, 또는 울을 설치할 것

근로자는 방호조치에 대하여 다음 사항을 지켜야 한다.

① 방호조치를 해체하려는 경우에 사업주의 허가를 받아 해체해야 한다.

② 방호조치를 해체한 후 그 사유가 소멸된 경우에 지체 없이 원상으로 회복시켜야 한다.

③ 방호조치의 기능이 상실된 것을 발견한 경우에 지체 없이 사업주에게 신고해야 한다.

사업주는 위의 방호조치에 따른 신고가 있으면 즉시 수리, 보수 및 작업 중지 등 적절한 조치를 하여야 한다.

6.3.6 건강진단

안전관리를 통해서 생산성 향상과 재해로부터 손실을 최소화할 수 있으며 안전사고를 방지할 수 있는 상태를 유지하여 인간의 생명과 재산을 보호하기 위한 제반활동에 의해 안전의 가치를 향상시킬 수 있다. 이는 건강한 근로자가 현장에서 근무할 때 가능한 일이다. 근로자의 건강관리를 위해 건강진단은 매우 중요하다. 근로자의 건강진단의 종류와 실시 기간에 대해 요약하여 표 6.1에 제시하였다.

표 6.1 근로자의 건강진단의 종류와 실시 기간

종류	내용	실시기간
일반 건강진단	상시 사용하는 근로자의 건강관리를 위하여 사업주가 주기적으로 실시하는 건강진단	사무직에 종사하는 근로자에 대해서 2년에 1회 이상, 그 밖의 근로자에 대해서 1년에 1회 이상 일반건강진단을 실시하여야 한다.
특수 건강진단	가. 특수건강진단 대상 유해인자에 노출되는 업무에 종사하는 근로자 나. 근로자건강진단 실시 결과 직업병 유소견자로 판정받은 후 작업 전환을 하거나 작업장소를 변경하고, 직업병 유소견 판정의 원인이 된 유해인자에 대한 건강진단이 필요하다는 의사의 소견이 있는 근로자 * 사업주가 실시	특수건강진단 대상 유해인자별로 정한 시기 및 주기에 따라 특수건강진단을 실시하여야 한다.
배치 전 건강진단	특수건강진단 대상업무에 종사할 근로자에 대하여 배치 예정업무에 대한 적합성 평가를 위하여 사업주가 실시하는 건강진단	특수건강진단 대상업무에 근로자를 배치하는 경우
수시 건강진단	특수건강진단 대상업무로 인하여 해당 유해인자에 의한 직업성 천식, 직업성 피부염, 그 밖에 건강장해를 의심하게 하는 증상을 보이거나 의학적 소견이 있는 근로자에 대하여 사업주가 실시하는 건강진단	특수건강진단 대상 유해인자에 의한 직업성 천식 · 직업성 피부염, 그 밖에 건강장해를 의심하게 하는 증상을 보이거나 의학적 소견이 있는 경우 해당 근로자의 신속한 건강관리를 위하여 수시건강진단을 실시한다.
임시 건강진단	다음 사항에 해당하는 경우로 특수건강진단 대상 유해인자 또는 그 밖의 유해인자에 의한 중독 여부, 질병에 걸렸는지 여부 또는 질병의 발생 원인 등을 확인하기 위하여 지방고용노동관서의 장의 명령에 따라 사업주가 실시하는 건강진단을 말한다. 가. 같은 부서에 근무하는 근로자 또는 같은 유해인자에 노출되는 근로자에게 유사한 질병의 자각 · 타각증상이 발생한 경우 나. 직업병 유소견자가 발생하거나 여러 명이 발생할 우려가 있는 경우 다. 그 밖에 지방고용노동관서의 장이 필요하다고 판단하는 경우	지방고용노동관서의 장이 필요하다고 판단하는 경우

근로자가 제출한 건강진단 결과를 증명하는 서류를 5년간 보존하여야 한다. 다만, 고용노동부장관이 정하여 고시하는 물질을 취급하는 근로자에 대한 건강진단 결과의 서류, 또는 전산입력 자료는 30년간 보존하여야 한다.

6.3.7 유해 · 위험방지 계획서

유해 · 위험방지 계획서를 제출해야 하는 사업장은 크게 제조업과 건설업으로 구분한다. 기계 · 기구 및 설비를 사용하는 구체적인 대상 범위는 다음과 같다.

- 금속이나 그 밖의 광물의 용해로
- 화학설비
- 건조설비
- 가스집합 용접장치
- 허가대상 · 관리대상 유해물질 및 분진작업 관련 설비

위 사업장은 대상 사업장의 종류 등 공사착공 15일 전까지 2부를 고용노동부장관에게 제출해야 한다. 계획서에는 다음 서류를 포함하여 제출해야 한다.

- 건축물 각 층의 평면도
- 기계 · 설비의 개요를 나타내는 서류
- 기계 · 설비의 배치도면
- 원재료 및 제품의 취급, 제조 등의 작업방법의 개요
- 그 밖에 고용노동부장관이 정하는 도면 및 서류

또한 건설업에 해당하는 다음 공사에 대해서 유해 · 위험방지 계획서를 제출하도록 고용노동부령으로 정해졌다.

- 지상높이가 31미터 이상인 건축물, 또는 인공구조물, 연면적 3만제곱미터 이상인 건축물 또는 연면적 5천제곱미터 이상의 문화 및 집회시설(전시장, 동물원, 식물원은 제외), 판매시설, 운수시설(고속철도의 역사 및 집배송시설은 제외), 종교시설, 의료시설 중 종합병원, 숙박시설 중 관광숙박시설, 지하도상가 또는 냉동 · 냉장창고시설의 건설 · 개조 또는 해체 공사
- 연면적 5천제곱미터 이상의 냉동 · 냉장창고시설의 설비공사 및 단열공사
- 최대 지간길이가 50미터 이상인 교량 건설 등 공사
- 터널 건설 등의 공사
- 다목적댐, 발전용댐 및 저수용량 2천만톤 이상의 용수 전용 댐, 지방상수도 전용 댐 건설 등의 공사

• 깊이 10미터 이상인 굴착공사

위 공사에 대해서는 공사착공 전날까지 공단에 계획서 2부를 제출해야 한다.

시행령에 공정안전보고서의 내용이 기술되어 있으며 이에 대한 세부 내용을 시행규칙에서 제시하고 있다. 공정안전보고서의 세부 내용을 요약하여 표 6.2에 제시하였다.

6.3.8 작업환경의 측정

근로자의 보건관리를 위해서 작업환경은 중요하다. 법령으로 작업환경에 대한 측정 대상 사업장은 유해인자에 노출되는 근로자가 있는 작업장을 말한다. 작업환경 측정 방법은 다음과 같다.

① 작업환경측정을 하기 전에 예비조사를 할 것

② 작업이 정상적으로 이루어져 작업시간과 유해인자에 대한 근로자의 노출 정도를 정확히 평가할 수 있을 때 실시할 것

③ 모든 측정은 개인 시료채취방법으로 하되, 개인 시료채취방법이 곤란한 경우에는 지역시료채취방법으로 실시할 것

작업환경측정 결과를 기록한 서류의 보존기간은 5년이며 발암성 확인 물질에 대한 기록은 30년이다. 서류에는 다음 사항을 작성하여 보존해야 한다.

① 측정 대상 사업장의 명칭 및 소재지

② 측정 연월일

③ 측정을 수행한 사람의 성명

④ 측정방법 및 측정 결과

⑤ 기기를 사용하여 분석한 경우에 분석자 · 분석방법 및 분석자료 등 분석과 관련된 사항

표 6.2 공정안전보고서의 세부 내용

구 분	내 용
공정안전 자료	가. 취급 · 저장하고 있거나 취급 · 저장하려는 유해 · 위험물질의 종류 및 수량 나. 유해 · 위험물질에 대한 물질안전보건자료 다. 유해 · 위험설비의 목록 및 사양 라. 유해 · 위험설비의 운전방법을 알 수 있는 공정도면 마. 각종 건물 · 설비의 배치도 바. 폭발위험장소 구분도 및 전기단선도 사. 위험설비의 안전설계 · 제작 및 설치 관련 지침서
공정위험성 평가서 및 잠재위험에 대한 사고 예방 · 피해 최소화 대책	가. 체크리스트(Check List) 나. 상대위험순위 결정(Dow and Mond Indices) 다. 작업자 실수 분석(HEA) 라. 사고 예상 질문 분석(What-if) 마. 위험과 운전 분석(HAZOP) 바. 이상위험도 분석(FMECA) 사. 결함 수 분석(FTA) 아. 사건 수 분석(ETA) 자. 원인결과 분석(CCA) 차. 가목부터 자목까지의 규정과 같은 수준 이상의 기술적 평가기법
안전운전계획	가. 안전운전지침서 나. 설비점검 · 검사 및 보수계획, 유지계획 및 지침서 다. 안전작업허가 라. 도급업체 안전관리계획 마. 근로자 등 교육계획 바. 가동 전 점검지침 사. 변경요소 관리계획 아. 자체감사 및 사고조사계획 자. 그 밖에 안전운전에 필요한 사항
비상조치계획	가. 비상조치를 위한 장비 · 인력보유현황 나. 사고발생 시 각 부서 · 관련 기관과의 비상연락체계 다. 사고발생 시 비상조치를 위한 조직의 임무 및 수행 절차 라. 비상조치계획에 따른 교육계획 마. 주민홍보계획 바. 그 밖에 비상조치 관련 사항
기타	유해 · 위험설비의 설치 · 이전 또는 주요 구조부분의 변경공사의 착공일 30일 전까지 공정안전보고서를 2부 작성하여 공단에 제출하여야 한다.

6.3.9 안전인증

제 3장에서 안전인증 대상 기계 · 기구 등에 대해 기술하였다. 본 절에서는 시행령에 제시된 안전인증을 면제받을 수 있는 항목을 표 6.3에 나열하였다.

표 6.3 안전인증 면제

구 분	내 용
안전인증의 전부 면제	① 연구 · 개발을 목적으로 제조 · 수입하거나 수출을 목적으로 제조하는 경우 ② 고압가스 안전관리법에 따른 검사를 받은 경우 ③ 에너지 이용 합리화법에 따른 검사를 받은 경우 ④ 전기사업법에 따른 검사를 받은 경우 ⑤ 항만법에 따른 검사를 받은 경우 ⑥ 광산보안법에 따른 검사 중 광업시설의 설치공사 또는 변경공사가 완료된 때에 받는 검사를 받은 경우 ⑦ 건설기계관리법에 따른 검사를 받은 경우, 또는 형식승인을 받거나 형식신고를 한 경우 ⑧ 선박안전법에 따른 검사를 받은 경우 ⑨ 원자력안전법에 따른 검사를 받은 경우 ⑩ 소방시설설치유지 및 안전관리에 관한 법률에 따른 형식승인을 받은 경우 ⑪ 방위사업법에 따른 품질보증을 받은 경우 ⑫ 위험물안전관리법에 따른 검사를 받은 경우
의무안전인증의 면제	① 고용노동부장관이 정하여 고시하는 외국의 안전인증기관에서 인증을 받은 경우 ② 품질경영 및 공산품안전관리법에 따른 안전인증을 받은 경우 ③ 산업표준화법에 따른 인증을 받은 경우 ④ 국가표준기본법에 따른 시험 · 검사기관에서 실시하는 시험을 받은 경우 ⑤ 국제전기기술위원회(IEC)의 국제방폭전기기계 · 기구 상호인정제도(IECEx Scheme)에 따라 인증을 받은 경우

안전인증 지정취소나 확인방법에 대해서 표 6.4에 제시하였다. 지방고용노동관서의 장은 법에 따라 안전인증을 취소한 경우에 고용노동부장관에게 보고하여야 한다. 안전인증을 취소한 경우에는 안전인증을 취소한 날부터 30일 이내에 보급지역을 전국 일반일간신문, 또는 인터넷 등에 공고하여야 한다.

표 6.4 안전인증 지정 취소 및 확인방법

구 분	내 용
확인방법	① 안전인증서에 적힌 제조 사업장에서 해당 유해 · 위험한 기계 · 기구 · 설비 등을 생산하고 있는지 여부 ② 안전인증을 받은 유해 · 위험한 기계 · 기구 · 설비 등이 안전인증기준에 적합한지 여부 ③ 제조자가 안전인증을 받을 당시의 기술능력 · 생산체계를 지속적으로 유지하고 있는지 여부 ④ 유해 · 위험한 기계 · 기구 · 설비 등이 서면심사 내용과 같은 수준 이상의 재료 및 부품을 사용하고 있는지 여부
안전인증의 확인주기	안전인증을 받은 자가 안전인증기준을 지키고 있는지를 매년 확인해야한다. 다만 다음 사항에 모두 해당될 경우에 2년에 1회 확인할 수 있다. ① 최근 2년 동안 안전인증이 취소되거나 안전인증표시의 사용금지 또는 개선명령을 받은 사실이 없는 경우 ② 최근 2번의 확인 결과, 기술능력 및 생산 체계가 고용노동부장관이 정하는 기준 이상인 경우
안전인증 취소 공고	① 유해 · 위험한 기계 · 기구 · 설비 등의 명칭 및 형식번호 ② 안전인증번호 ③ 제조자(수입자) 및 대표자 ④ 사업장 소재지 ⑤ 취소일자 및 취소사유

6.3.10 자율안전

시행령에서 자율안전확인의 신고에 대한 사항을 규정하였다. 자율안전확인 신고서에 서류를 첨부하여 업무를 위탁받은 기관에 제출한다. 첨부서류를 표 6.5에 제시하였다. 다른 법령에서 안전성에 관한 검사나 인증을 받은 경우에 자율안전확인의 신고를 면제할 수 있도록 규정되어 있다. 안전인증대상 기계 · 기구 등의 안전인증 및 자율안전확인의 표시를 그림 6.1에 나타냈다.

표 6.5 자율안전확인신고 및 면제사항

구 분	내 용
자율안전확인 신고서류	① 제품의 설명서 ② 자율안전확인대상 기계 · 기구 등의 자율안전기준을 충족함을 증명하는 서류
자율안전확인 신고 면제	① 품질경영 및 공산품안전관리법에 따른 안전인증을 받은 경우 ② 산업표준화법에 따른 인증을 받은 경우 ③ 전기용품안전관리법에 따른 안전인증 및 안전검사를 받은 경우 ④ 농업기계화촉진법에 따른 검정을 받은 경우 ⑤ 국제전기기술위원회(IEC)의 국제방폭전기기계 · 기구 상호인정제도(IECEx Scheme)에 따라 인증을 받은 경우

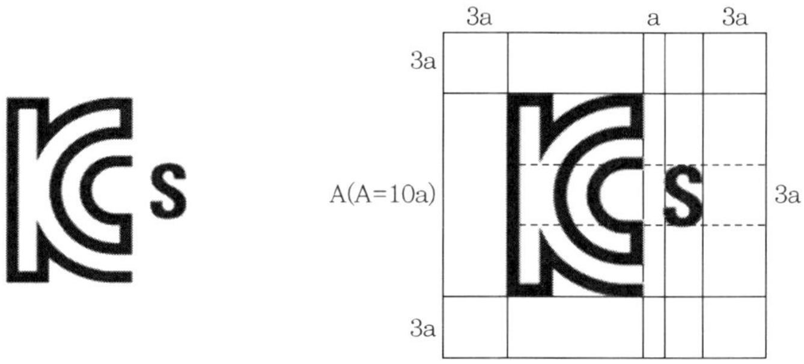

그림 6.1 안전인증 및 자율안전확인의 표시

6.4 건설기술진흥법

"이 법은 건설기술의 연구 · 개발을 촉진하여 건설기술 수준을 향상시키고 이를 바탕으로 관련 산업을 진흥하여 건설공사가 적정하게 시행되도록 함과 아울러 건설공사의 품질을 높이고 안전을 확보함으로써 공공복리의 증진과 국민경제의 발전에 이바지함을 목적으로 한다."라고 건설기술진흥법에 명시되어 있다. 이 법에서 안전과 관련된 몇 가지 사항을 추려서 본 절에서 기술한다.

6.4.1 건설사고조사위원회의 구성

국토교통부장관, 발주청 및 인 · 허가기관의 장은 중대건설현장사고의 조사를 위하여 필요하다고 인정하는 경우에는 건설사고조사위원회를 구성 · 운영할 수 있다. 건설사고조사위원회는 중대건설현장사고의 조사를 마쳤을 때에 유사한 건설사고의 재발 방지를 위한 대책을 국토교통부장관, 발주청, 인 · 허가기관의 장, 그 밖의 관계 행정기관의 장에게 권고하거나 건의할 수 있다. 국토교통부장관, 발주청, 인 · 허가기관의 장, 그 밖의 관계 행정기관의 장은 특별한 사유가 없으면 건설사고조사위원회의 권고, 또는 건의에 따라야 한다. 국토교통부장관이 건설사고조사위원회의 운영에 관한 사무를 「공공기관의 운영에 관한 법률」에 따른 공공기관에 위탁한 경우에 그 사무 처리에 필요한 경비를 해당 공공기관에 출연하거나 보조할 수 있다. 건설사고조사위원회의 구성 및 운영에 필요한 사항은 대통령령으로 정한다.

이 법의 시행령에서 건설사고조사위원회는 위원장 1명을 포함한 12명 이내의 위원으로 구성한다. 건설사고조사위원회의 위원은 다음의 어느 하나에 해당하는 사람 중에서 해당 건설사고조사위원회를 구성 · 운영하는 국토교통부장관, 발주청, 또는 인 · 허가기관의 장이 임명하거나 위촉한다.

① 건설공사 업무와 관련된 공무원

② 건설공사 업무와 관련된 단체 및 연구기관 등의 임직원

③ 건설공사 업무에 관한 학식과 경험이 풍부한 사람

6.4.2 안전관리계획 수립

안전관리계획을 수립하여야 하는 건설공사는 다음과 같다. 이 경우에 원자력시설공사는 제외하며, 해당 건설공사가 「산업안전보건법」에 따른 유해 · 위험 방지 계획을 수립하여야 하는 건설공사에 해당하는 경우에는 해당 계획과 안전관리계획을 통합하여 작성할 수 있다.

① 「시설물의 안전 및 유지관리에 관한 특별법」에 따른 1종 시설물 및 2종 시설물의 건설공사(유지관리를 위한 건설공사는 제외한다)

② 지하 10미터 이상을 굴착하는 건설공사. 이 경우 굴착 깊이 산정 시 집수정(集水井), 엘리베이터 피트 및 정화조 등의 굴착 부분은 제외하며, 토지에 높낮이 차가 있는 경우에 굴착 깊이의 산정방법은 「건축법 시행령」을 따른다.

③ 폭발물을 사용하는 건설공사로서 20미터 안에 시설물이 있거나 100미터 안에 사육하는 가축이 있어 해당 건설공사로 인한 영향을 받을 것이 예상되는 건설공사

④ 10층 이상 16층 미만인 건축물의 건설공사, 또는 10층 이상인 건축물의 리모델링, 또는 해체공사

⑤ 「건설기계관리법」에 따라 등록된 건설기계 중 항타 및 항발기가 사용되는 건설공사

⑥ 제1호부터 제5호까지의 건설공사 외의 건설공사로서 발주자가 특히 안전관리가 필요하다고 인정하는 건설공사

6.5 | 시설물의 안전 및 유지관리에 관한 특별법(약칭 시설물안전법)

"이 법은 시설물의 안전점검과 적정한 유지관리를 통하여 재해와 재난을 예방하고 시설물의 효용을 증진시킴으로써 공중(公衆)의 안전을 확보하고 나아가 국민의 복리증진에 기여함을 목적으로 한다."고 명시되어 있다. 이 법에서 시설물안전에 관한 사항을 발췌하여 본 절에서 소개한다.

6.5.1 시설물안전에 관한 용어

(1) "시설물"이란 건설공사를 통하여 만들어진 교량 · 터널 · 항만 · 댐 · 건축물 등 구조물과 그 부대시설로서 제1종 시설물, 제2종 시설물 및 제3종 시설물을 말한다.

(2) "관리주체"란 관계 법령에 따라 해당 시설물의 관리자로 규정된 자나 해당 시설물의 소유자를 말한다. 이 경우 해당 시설물의 소유자와의 관리계약 등에 따라 시설물의 관리책임을 진 자는 관리주체로 보며, 관리주체는 공공관리주체(公共管理主體)와 민간관리주체(民間管理主體)로 구분한다.

(3) "공공관리주체"란 국가 · 지방자치단체, 「공공기관의 운영에 관한 법률」에 따른 공공기관, 「지방공기업법」에 따른 지방공기업 중에 하나에 해당하는 관리주체를 말한다.

(4) "민간관리주체"란 공공관리주체 외의 관리주체를 말한다.

(5) "안전점검"이란 경험과 기술을 갖춘 자가 육안이나 점검기구 등으로 검사하여 시설물에 내재(內在)되어 있는 위험요인을 조사하는 행위를 말하며, 점검목적 및 점검수준을 고려하여 국토교통부령으로 정하는 바에 따라 정기안전점검 및 정밀안전점검으로 구분한다.

(6) "정밀안전진단"이란 시설물의 물리적 · 기능적 결함을 발견하고 그에 대한 신속하고 적절한 조치를 하기 위하여 구조적 안전성과 결함의 원인 등을 조사 · 측정 · 평가하여 보수 · 보강 등의 방법을 제시하는 행위를 말한다.

(7) "긴급안전점검"이란 시설물의 붕괴 · 전도 등으로 인한 재난 또는 재해가 발생할 우려가 있는 경우에 시설물의 물리적 · 기능적 결함을 신속하게 발견하기 위하여 실시하는 점검을 말한다.

(8) "내진성능평가(耐震性能評價)"란 지진으로부터 시설물의 안전성을 확보하고 기능을 유지하기 위하여 「지진 · 화산재해대책법」에 따라 시설물별로 정하는 내진설계기준(耐震設計基準)에 따라 시설물이 지진에 견딜 수 있는 능력을 평가하는 것을 말한다.

(9) "도급(都給)"이란 원도급 · 하도급 · 위탁, 그 밖에 명칭 여하에도 불구하고 안전점검 · 정밀안전진단이나 긴급안전점검, 유지관리 또는 성능평가를 완료하기로 약정하고, 상대방이 그 일의 결과에 대하여 대가를 지급하기로 한 계약을 말한다.

(10) "하도급"이란 도급받은 안전점검 · 정밀안전진단이나 긴급안전점검, 유지관리 또는 성능평가 용역의 전부 또는 일부를 도급하기 위하여 수급인(受給人)이 제3자와 체결하는 계약을 말한다.

(11) "유지관리"란 완공된 시설물의 기능을 보전하고 시설물이용자의 편의와 안전을 높이기 위하여 시설물을 일상적으로 점검 · 정비하고 손상된 부분을 원상복구하며 경과시간에 따라 요구되는 시설물의 개량 · 보수 · 보강에 필요한 활동을 하는 것을 말한다.

(12) "성능평가"란 시설물의 기능을 유지하기 위하여 요구되는 시설물의 구조적 안전성, 내구성, 사용성 등의 성능을 종합적으로 평가하는 것을 말한다.

(13) "하자담보책임기간"이란 「건설산업기본법」과 「공동주택관리법」 등 관계 법령에 따른 하자담보책임기간, 또는 하자보수기간 등을 말한다.

6.5.2 시설물의 안전 및 유지관리 기본계획

국토교통부장관은 시설물이 안전하게 유지관리될 수 있도록 하기 위하여 5년마다 시설물의 안전과 유지관리에 관한 기본계획을 수립 · 시행하고, 이를 관보에 고시하여야 한다. 기본계획을 변경하는 경우에도 또한 같다. 기본계획에는 다음 사항이 포함되어야 한다.

① 시설물의 안전 및 유지관리에 관한 기본목표 및 추진방향에 관한 사항
② 시설물의 안전 및 유지관리체계의 개발, 구축 및 운영에 관한 사항
③ 시설물의 안전 및 유지관리에 관한 정보체계의 구축 · 운영에 관한 사항
④ 시설물의 안전 및 유지관리에 필요한 기술의 연구 · 개발에 관한 사항
⑤ 시설물의 안전 및 유지관리에 필요한 인력의 양성에 관한 사항
⑥ 그 밖에 시설물의 안전과 유지관리에 관하여 대통령령으로 정하는 사항

6.5.3 시설물의 종류

(1) 제1종 시설물

공중의 이용편의와 안전을 도모하기 위하여 특별히 관리할 필요가 있거나 구조상 안전 및 유지관리에 고도의 기술이 필요한 대규모 시설물로서 다음 각 목의 어느 하나에 해당하는 시설물 등 대통령령으로 정하는 시설물

가. 고속철도 교량, 연장 500미터 이상의 도로 및 철도 교량
나. 고속철도 및 도시철도 터널, 연장 1000미터 이상의 도로 및 철도 터널
다. 갑문시설 및 연장 1000미터 이상의 방파제
라. 다목적댐, 발전용댐, 홍수전용댐 및 총저수용량 1천만톤 이상의 용수전용댐
마. 21층 이상 또는 연면적 5만제곱미터 이상의 건축물
바. 하구둑, 포용저수량 8천만톤 이상의 방조제
사. 광역상수도, 공업용수도, 1일 공급능력 3만톤 이상의 지방상수도

(2) 제2종 시설물

제1종시설물 외에 사회기반시설 등 재난이 발생할 위험이 높거나 재난을 예방하기 위하여 계속

적으로 관리할 필요가 있는 시설물로서 다음 각 목의 어느 하나에 해당하는 시설물 등 대통령령으로 정하는 시설물

가. 연장 100미터 이상의 도로 및 철도 교량

나. 고속국도, 일반국도, 특별시도 및 광역시도 도로터널 및 특별시 또는 광역시에 있는 철도터널

다. 연장 500미터 이상의 방파제

라. 지방상수도 전용댐 및 총저수용량 1백만톤 이상의 용수전용댐

마. 16층 이상 또는 연면적 3만제곱미터 이상의 건축물

바. 포용저수량 1천만톤 이상의 방조제

사. 1일 공급능력 3만톤 미만의 지방상수도

(3) 제3종 시설물

제1종 시설물 및 제2종 시설물 외에 안전관리가 필요한 소규모 시설물로서 다음과 같이 지정 · 고시된 시설물이다.

① 중앙행정기관의 장 또는 지방자치단체의 장은 다중이용시설 등 재난이 발생할 위험이 높거나 재난을 예방하기 위하여 계속적으로 관리할 필요가 있다고 인정되는 제1종 시설물 및 제2종 시설물 외의 시설물을 대통령령으로 정하는 바에 따라 제3종 시설물로 지정 · 고시하여야 한다.

② 중앙행정기관의 장 또는 지방자치단체의 장은 제3종 시설물이 보수 · 보강의 시행 등으로 재난 발생 위험이 해소되거나 재난을 예방하기 위하여 계속적으로 관리할 필요성이 없는 경우에는 대통령령으로 정하는 바에 따라 그 지정을 해제하여야 한다.

③ 중앙행정기관의 장 또는 지방자치단체의 장은 제1항 및 제2항에 따라 제3종 시설물을 지정 · 고시 또는 해제할 때에는 국토교통부령으로 정하는 바에 따라 그 사실을 해당 관리주체에게 통보하여야 한다.

6.5.4 안전점검, 정밀안전진단, 긴급안전점검

(1) 안전점검

관리주체는 시설물의 안전과 기능을 유지하기 위하여 정기적으로 안전점검을 실시하여야 한

다. 시설물의 종류에 따른 안전점검의 수준, 안전점검의 실시시기, 안전점검의 실시 절차 및 방법, 안전점검을 실시할 수 있는 자의 자격 등 안전점검 실시에 필요한 사항은 대통령령으로 정한다.

(2) 정밀안전진단의 실시

① 관리주체는 제1종 시설물에 대하여 정기적으로 정밀안전진단을 실시하여야 한다.

② 관리주체는 안전점검 또는 긴급안전점검을 실시한 결과, 재해 및 재난을 예방하기 위하여 필요하다고 인정되는 경우에는 정밀안전진단을 실시하여야 한다. 이 경우에 결과보고서 제출일부터 1년 이내에 정밀안전진단을 착수하여야 한다.

③ 관리주체는 「지진 · 화산재해대책법」에 따른 내진설계 대상 시설물 중 내진성능평가를 받지 않은 시설물에 대하여 정밀안전진단을 실시하는 경우에는 해당 시설물에 대한 내진성능평가를 포함하여 실시하여야 한다.

④ 국토교통부장관은 내진성능평가가 포함된 정밀안전진단의 실시결과를 평가한 결과 내진성능의 보강이 필요하다고 인정되면 내진성능을 보강하도록 권고할 수 있다.

⑤ 정밀안전진단의 실시시기, 정밀안전진단의 실시 절차 및 방법, 정밀안전진단을 실시할 수 있는 자의 자격 등 정밀안전진단 실시에 필요한 사항은 대통령령으로 정한다.

(3) 긴급안전점검의 실시

① 관리주체는 시설물의 붕괴 · 전도 등이 발생할 위험이 있다고 판단하는 경우 긴급안전점검을 실시하여야 한다.

② 국토교통부장관 및 관계 행정기관의 장은 시설물의 구조상 공중의 안전한 이용에 중대한 영향을 미칠 우려가 있다고 판단되는 경우에는 소속 공무원으로 하여금 긴급안전점검을 하게 하거나 해당 관리주체 또는 시장 · 군수 · 구청장(해당하는 시설물의 경우에 한정한다)에게 긴급안전점검을 실시할 것을 요구할 수 있다. 이 경우 요구를 받은 자는 특별한 사유가 없으면 이에 응하여야 한다.

③ 국토교통부장관 또는 관계 행정기관의 장이 제 2항에 따른 긴급안전점검을 실시하는 경우 점검의 효율성을 높이기 위하여 관계 기관 또는 전문가와 합동으로 긴급안전점검을 실시할 수 있다.

④ 제 2항에 따라 긴급안전점검을 실시하는 공무원은 관계인에게 필요한 질문을 하거나 관계 서류 등을 열람할 수 있다.

⑤ 제 2항에 따라 긴급안전점검을 실시하는 공무원은 그 권한을 나타내는 증표를 지니고 이를 관계인에게 보여주어야 한다.

⑥ 국토교통부장관 또는 관계 행정기관의 장은 제 2항에 따라 긴급안전점검을 실시한 경우 그 결과를 해당 관리주체에게 통보하여야 하며, 시설물의 안전 확보를 위하여 필요하다고 인정하는 경우에는 정밀안전진단의 실시, 보수 · 보강 등 필요한 조치를 취할 것을 명할 수 있다.

⑦ 제 1항 및 제 2항에 따라 관리주체 또는 관계 행정기관의 장이 긴급안전점검을 실시한 경우 그 결과보고서를 국토교통부장관에게 제출하여야 한다. 관리주체가 제출하는 경우에는 제 4항부터 제 7항까지를 준용한다.

⑧ 긴급안전점검의 절차 및 방법, 긴급안전점검을 실시할 수 있는 자의 자격 등 긴급안전점검 실시에 필요한 사항은 대통령령으로 정한다.

6.5.6 재난예방을 위한 안전조치

(1) 시설물의 중대한 결함 통보

① 안전점검 등을 실시하는 자는 해당 시설물에서 시설물기초의 세굴(洗掘), 부등침하(不等沈下) 등 대통령령으로 정하는 중대한 결함을 발견하는 경우에는 지체 없이 대통령령으로 정하는 바에 따라 그 사실을 관리주체 및 관할 시장 · 군수 · 구청장에게 통보하여야 한다.

② 관리주체는 제 1항에 따라 통보받은 내용을 해당 시설물을 관리하거나 감독하는 관계 행정기관의 장 및 국토교통부장관에게 즉시 통보하여야 한다.

(2) 긴급안전조치

① 관리주체는 위의 제 1항에 따라 시설물의 중대한 결함을 통보받는 등 시설물의 구조상 공중의 안전한 이용에 미치는 영향이 중대하여 긴급한 조치가 필요하다고 인정되는 경우에는 시설물의 사용제한 · 사용금지 · 철거, 주민대피 등의 안전조치를 하여야 한다.

② 시장 · 군수 · 구청장은 위의 제 1항에 따라 시설물의 중대한 결함을 통보받는 등 시설물의 구조상 공중의 안전한 이용에 미치는 영향이 중대하여 긴급한 조치가 필요하다고 인정되는

경우에는 관리주체에게 시설물의 사용제한 · 사용금지 · 철거, 주민대피 등의 안전조치를 명할 수 있다. 이 경우 관리주체는 신속하게 안전조치명령을 이행하여야 한다.

③ 관리주체는 제 1항 또는 제 2항에 따른 사용제한 등을 하는 경우에는 즉시 그 사실을 관계 행정기관의 장 및 국토교통부장관에게 통보하여야 하며, 통보를 받은 관계 행정기관의 장은 이를 공고하여야 한다.

④ 시장 · 군수 · 구청장은 제 2항에 따른 안전조치명령을 받은 자가 그 명령을 이행하지 아니하는 경우에는 그에 대신하여 필요한 안전조치를 할 수 있다. 이 경우 「행정대집행법」을 준용한다.

⑤ 시장 · 군수 · 구청장은 제 4항에 따른 안전조치를 할 때에는 미리 해당 관리주체에게 서면으로 그 사실을 알려주어야 한다. 다만, 긴급한 경우이거나 알리는 것이 불가능한 경우에는 안전조치를 한 후 그 사실을 통보할 수 있다.

(3) 시설물의 보수 · 보강 등

① 관리주체는 법에 따른 조치명령을 받거나 위의 제 1항(긴급안전조치)에 따라 시설물의 중대한 결함에 대한 통보를 받은 경우 대통령령으로 정하는 바에 따라 시설물의 보수 · 보강 등 필요한 조치를 하여야 한다.

② 국토교통부장관 및 관계 행정기관의 장은 관리주체가 제 1항에 따른 시설물의 보수 · 보강 등 필요한 조치를 하지 아니한 경우 이에 대하여 이행 및 시정을 명할 수 있다.

③ 제 1항에 따라 시설물의 보수 · 보강 등 필요한 조치를 끝낸 관리주체는 그 결과를 국토교통부장관 및 관계 행정기관의 장에게 통보하여야 한다.

④ 제 3항에 따른 통보의 시기 · 방법 · 절차 등에 필요한 사항은 국토교통부령으로 정한다.

(4) 위험표지의 설치 등

① 관리주체는 안전점검 등을 실시한 결과 해당 시설물에 대통령령으로 정하는 중대한 결함이 있거나 법(16조)에 따라 안전등급을 지정한 결과 해당 시설물이 긴급한 보수 · 보강이 필요하다고 판단되는 경우에는 해당 시설물에 위험을 알리는 표지를 설치하고, 방송 · 인터넷 등의 매체를 통하여 주민에게 알려야 한다.

② 제 1항에 따라 설치하는 위험표지의 크기 · 기재사항 등에 관한 세부사항은 국토교통부령으로 정한다.

③ 누구든지 관리주체의 허락 없이 위험표지를 이전하거나 훼손하여서는 아니 된다.

6.5.7 시설물의 유지관리

(1) 시설물의 유지관리

① 관리주체는 시설물의 기능을 보전하고 편의와 안전을 높이기 위하여 소관 시설물을 유지관리하여야 한다. 다만, 대통령령으로 정하는 시설물로서 다른 법령에 따라 유지관리하는 경우에는 그러하지 아니하다.

② 관리주체는 유지관리업자 또는 그 시설물을 시공한 자[하자담보책임기간(동일한 시설물의 각 부분별 하자담보책임기간이 다른 경우에는 가장 긴 하자담보책임기간을 말한다) 내인 경우에 한정한다]로 하여금 시설물의 유지관리를 대행하게 할 수 있다.

③ 시설물의 유지관리에 드는 비용은 관리주체가 부담한다.

(2) 시설물의 성능평가

① 도로, 철도, 항만, 댐 등 대통령령으로 정하는 시설물의 관리주체는 시설물의 성능을 유지하기 위하여 시설물에 대한 성능평가를 실시하여야 한다.

② 제 1항에 따른 관리주체는 성능평가를 한국시설안전공단과 안전진단전문기관에게 대행하게 할 수 있다.

③ 성능평가를 실시한 자는 대통령령으로 정하는 바에 따라 그 결과보고서를 작성하고, 이를 관리주체에게 통보하여야 한다.

④ 관리주체는 제 3항에 따른 성능평가 결과보고서를 국토교통부장관에게 제출하여야 한다.

⑤ 제 3항에 따른 결과보고서의 작성에 관하여는 '안전점검 및 정밀안전진단 결과보고 등'을 준용한다. 이 경우 "안전점검 및 정밀안전진단"은 "성능평가"로 본다.

⑥ 성능평가를 실시한 자는 실시결과에 따라 대통령령으로 정하는 기준에 적합하게 해당 시설물의 성능등급을 지정하여야 한다.

⑦ 제 1항에 따른 성능평가의 실시시기, 실시자의 자격, 성능평가의 방법 · 절차 등에 필요한 사

항은 대통령령으로 정한다.

(3) 유지관리의 결과보고

① 관리주체는 대통령령으로 정하는 바에 따라 그 결과보고서를 작성하고 이를 국토교통부장관에게 제출하여야 한다. 이 경우 제출 절차에 관하여는 '시설물의 안전 및 유지관리계획의 수립 · 시행'을 준용한다.

② 제 1항에 따른 결과보고서의 작성에 관하여는 '안전점검 및 정밀안전진단 결과보고 등'을 준용한다. 이 경우 "안전점검 및 정밀안전진단"은 "유지관리"로 본다.

(4) 시설물의 유지관리 또는 성능평가를 하는 자의 의무 등

① 시설물의 유지관리 또는 성능평가를 하는 자는 유지관리 · 성능평가지침에서 정하는 유지관리 또는 성능평가의 실시 방법 및 절차 등에 따라 성실하게 그 업무를 수행하여야 한다.

② 관리주체는 소관 시설물을 과학적으로 유지관리하도록 노력하여야 한다.

(5) 유지관리 · 성능평가지침

① 국토교통부장관은 대통령령으로 정하는 바에 따라 유지관리 및 성능평가의 실시 방법 · 절차 등에 관한 유지관리 · 성능평가지침을 작성하여 관보에 고시하여야 한다.

② 국토교통부장관이 제 1항에 따른 지침을 작성하는 경우에는 미리 관계 행정기관의 장과 협의하여야 하며, 이 경우 필요하다고 인정되면 관계 중앙행정기관의 장 및 지방자치단체의 장에게 관련 자료를 제출하도록 요구할 수 있다.

사업주가 꼭 알아야 할

산업안전보건법 10 계명

1 제5조 (사업주 의무)

- 근로자의 안전과 건강 유지·증진
  - 산업재해예방 기준 준수
  - 근로자의 신체적 피로와 정신적 스트레스 등을 줄일 수 있는 쾌적한 작업환경 조성 및 근로조건 개선
  - 근로자에게 안전보건정보 제공
- 국가의 산업재해 예방 시책에 따라야 함

2 제10조 (산업재해 발생 은폐 금지 및 보고 등)

- 사업주는 산업재해로 사망자 또는 3일 이상 휴업이 필요한 부상자, 질병자가 발생하는 경우 산업재해 조사표를 작성하여 관할 지방고용노동관서장에게 제출(발생한 날부터 1개월 이내)

3 제12조 (안전·보건표지의 부착)

- 사업주는 아래와 같은 목적으로 안전·보건표지와 작업안전수칙을 부착하여야 함
  - 유해하거나 위험한 시설 및 장소에 대한 경고
  - 비상시 조치에 대한 안내
  - 안전의식 고취

4 제23조 (안전조치)

- 사업주는 아래의 위험을 예방하기 위해 필요한 조치를 하여야 함

- ① 기계·기구 그 밖의 설비에 의한 위험, ② 폭발성, 발화성 및 인화성 물질 등에 의한 위험, ③ 전기, 열, 그 밖의 에너지에 의한 위험
- 굴착, 채석, 하역, 벌목, 운송, 조작, 운반, 해체, 중량물 취급 등의 작업을 할 때 불량한 작업방법 등으로 인한 위험
- ① 추락할 위험 장소, ② 토사, 구축물 등이 붕괴할 우려가 있는 장소, ③ 물체가 떨어지거나 날아올 위험이 있는 장소, ④ 그 밖에 작업 시 천재지변으로 인한 위험이 발생할 우려가 있는 장소

5 제24조 (보건조치)

- 사업주는 아래의 건강장해를 예방하기 위해 필요한 조치를 하여야 함
  - 원재료, 가스, 증기, 분진, 흄, 미스트, 산소결핍, 병원체 등에 의한 건강장해
  - 방사선, 유해광선, 고온, 저온, 초음파, 소음, 진동 이상기압 등에 의한 건강장해
  - 사업장에서 배출되는 기체, 액체 또는 찌꺼기 등에 의한 건강장해
  - 계측감시, 컴퓨터 단말기 조작, 정밀공작 등의 작업에 의한 건강장해
  - 단순반복작업 또는 인체에 과도한 부담을 주는 작업에 의한 건강장해
  - 환기, 채광, 조명, 보온, 방습, 청결 등의 적정기준을 유지하지 아니하여 발생하는 건강장해

6 제31조(안전·보건교육)

- 소속 근로자에 대한 안전·보건교육을 실시
  - 정기교육 : 사무직·판매 업무 종사 근로자(매 분기 3시간 이상)
    사무직·판매 업무 종사 근로자 외(매 분기 6시간 이상)
  - 채용시 교육 : 8시간 이상
  - 작업내용 변경시 교육 : 2시간 이상
  - 특별교육 : 유해하거나 위험한 작업 수행 근로자에 대해 16시간 이상

7 제33조 (유해하거나 위험한 기계·기구 등의 방호조치)

- 유해·위험 작업이 필요하거나 동력으로 작동하는 기계·기구의 경우 방호 조치를 하여야 하며, 방호조치를 하여야 할 기계·기구 및 방호조치의 내용은 아래와 같음
  - **예초기** : 날 접촉 예방장치
  - **원심기** : 회전체 접촉 예방장치
  - **공기압축기** : 압력방출장치
  - **지게차** : 헤드가드, 백레스트, 전조등, 후미등, 안전벨트
  - **포장기계** : 구동부 방호 연동장치
  - **작동부분 돌기** : 묻힘형 또는 덮개부착
  - **동력전달 부분 및 속도조절 부분** : 덮개 또는 방호망 설치
  - **회전기계 물림점(롤러, 기어 등)** : 덮개 또는 울 설치

  ※ 방호조치를 하지 않는 경우, 양도, 대여, 설치, 사용 하거나 양도, 대여 목적으로 진열 금지

8 제41조 (물질안전보건자료 작성·비치)

- 유해성·위험성 분류기준에 해당하는 화학물질을 양도·제공하는 경우 물질안전보건자료 작성·제공
- 화학물질 취급사업주는 작업장 내 근로자가 쉽게 볼 수 있는 곳에 물질안전 보건자료 게시·비치
- 화학물질을 양도·제공하는 자 또는 취급사업주는 화학물질을 담은 용기 등에 경고표지 부착
- ① 화학물질 제조·사용·운반·저장작업에 근로자를 배치한 경우, ②새로운 화학물질이 도입된 경우, ③ 유해성·위험성 정보가 변경된 경우 근로자 교육 실시

9 제42조 (작업환경측정)

- 소음, 분진, 화학적 인자 등 유해인자(191종)에 노출되는 근로자가 있는 작업장의 경우 건강보호 및 쾌적한 작업환경 조성을 위해 작업환경측정 실시(1회/6개월)
- 측정 결과 노출기준을 초과하는 경우, 해당 시설·설비의 설치·개선 등의 조치를 이행

10 제43조 (건강진단)

- 근로자의 건강을 보호·유지하기 위하여 건강진단을 실시
  - 일반건강진단 : 모든 근로자(사무직: 1회/2년, 그 밖의 근로자: 1회/년)
  - 특수건강진단 : 화학물질, 소음, 분진, 야간작업 등 유해인자(179종)에 노출되는 근로자
  - 배치 전 건강진단 : 특수건강진단 대상 유해인자에 노출되는 업무에 배치 되는 근로자
- 검진 결과 건강이상자(유소견자)에 대해 작업장소 변경, 근로시간 단축, 시설·설비의 설치·개선 등 건강보호조치 이행

CHAPTER

07

부록

CONTENTS

부록 1 | 작업 시작전 10분 안전보건교육 콘텐츠 활용법 ········· 179

부록 2 | 안전보건자료 활용가이드 ········· 180

부록 3 | 건설현장 사망사고 다발 7대 작업안전 ········· 192

부록 4 | 시설물 유지관리업무 주요 재해사례 및 안전작업방법 Ⅰ ······ 206

부록 5 | 시설물 유지관리업무 주요 재해사례 및 안전작업방법 Ⅱ ······ 208

부록 6 | 불량비계 추방 ········· 210

부록 7 | 지자체 발주공사, 이것만은 반드시 확인! ········· 212

부록 8 | 안전보건관리담당자 업무 체크리스트 ········· 214

부록 1 | 작업 시작전 10분 안전보건교육 콘텐츠 활용법

작업 전 안전점검 당신의 생명을 지킵니다 조심조심 코리아

작업 시작 전 10분 안전보건교육 콘텐츠 활용법

작업 시작 전 10분이면 우리 회사 안전보건교육 OK

법정 안전보건교육 시간을 채우지 못해 어려움을 겪고 있습니까?
전문 강사가 없어 안전보건교육이 어렵다고 느끼십니까?
무엇을 교육해야 할지 답답하십니까?

안전보건교육! 결코 어렵지 않습니다.
현장에서 작업 시작 전 10분만 투자하면 법정 근로자 안전보건교육이 가능합니다.

안전보건교육, 몇 시간이나 해야 합니까?

산업안전보건법(제31조 제1항)에 따라 사업주는 **분기별 6시간 이상** 근로자에 대한 안전보건교육을 해야 합니다.
*사무직 근로자·판매업무 직접 종사자·50인 미만 도매업과 숙박 및 음식업 근로자는 매분기 3시간 이상

어떻게 하면 교육을 쉽게 할 수 있나요?

매일 작업 시작 전 10분만 투자하면 됩니다.
근로자에게 그날 해야 할 작업의 위험 요인, 안전 주의사항을 설명하는 것만으로도 안전보건교육이 인정됩니다.
산업안전보건교육규정(고용노동부 고시 제2017-5호, 2017.1.19) 개정으로 생산시설, 근무장소에서 작업 전·후 실시하는 단시간 안전보건교육도 현장교육으로 인정됩니다.

무엇을 교육해야 하나요? 교육 자료가 없어 고민입니다.

안전보건공단 홈페이지에 답이 있습니다.
공단 홈페이지 - 안전보건자료실에 현장교육에 활용할 수 있는 1,679종의 '10분' 안전보건교육용 콘텐츠를 활용하세요.
기계·기구별, 작업별, 직종별, 계절별 자료가 여러분의 교육을 쉽게 도와드립니다.

안전보건공단 홈페이지를 통한 자료 검색 방법

공단 홈페이지(www.kosha.or.kr) 접속 ▶ 안전보건자료실 ▶'10분' 안전보건교육용 콘텐츠 ▶ (콘텐츠 목록 내려받아 자료 종류 확인)
▶ 검색창 자료제목 입력 후 '검색' ▶ 자료 내려받아 출력 후 사용

교육 했다는 증빙은 어떻게 하나요?

교육 실시 여부를 증명할 수 있는 **교육일지** 등을 작성해야 합니다.

2017-교육미디어-489

고용노동부 안전보건공단

부록 2 | 안전보건자료 활용가이드

SAFETY & HEALTY MEDIA GUIDE BOOK

안전보건자료 이렇게 활용하세요

공단 홈페이지 또는 스마트폰을 활용하여 필요한 안전보건자료를 찾아보실 수 있습니다.

공단홈페이지를 통한 자료 검색하기

→ 포털사이트에 '안전보건공단' 입력 또는 주소창에 http://www.kosha.or.kr 입력

통합검색

공단 홈페이지의 통합검색 서비스에서는 공단의 안전보건자료 및 안전보건정보(공단소식, 사업안내)를 직접 검색하여 찾아보실 수 있습니다.

검색방법 예시
'프레스 안전작업방법' 자료 필요시 통합검색창에 '프레스' 입력 후 검색

e-실무길잡이

산업현장 자율안전보건체제 구축을 위한 업종별 안전보건 실무정보를 제공하고 있습니다.

※ 29개 업종, 24개 직종의 공정별 안전작업방법, 법령정보, 재해사례 등 실무정보 수록

공단 홈페이지 및 스마트폰을 통해서 e-실무 길잡이를 활용할 수 있습니다.
(http://guide.kosha.or.kr)

안전보건자료실

안전보건자료실은 공단에서 발간되는 안전보건자료를 한 곳에 모아 놓은 자료창고입니다.

검색 및 단계별 클릭을 통해 원하는 자료를 찾을 수 있습니다.

안전보건자료 활용가이드 3

안전보건자료를 잘 활용하면 사업장이 안전해집니다.

미디어배송 서비스 활용하기

안전보건공단 홈페이지 내 미디어 현장배송 또는 미디어 홈페이지(http://media.kosha.or.kr)에서 미디어를 신청해서 받아보세요.

포스터, 표지(스티커), 리플릿(OPL) 등 사업장에 필요한 안전보건 미디어를 인터넷으로 간편하게 신청하고, 현장에서 2~3일 이내에 택배로 받아볼 수 있는 고객 맞춤형 서비스 입니다.

▶ 미디어 자료 비용 : 무료
▶ 미디어 배송 비용 : 신청자 부담(착불)

스마트폰을 통한 자료 검색하기

위기탈출 안전보건 애플리케이션을 통해 안전보건자료를 쉽고 편안하게 이용하실 수 있습니다.

구글 Play스토어(Android), 앱스토어(iOS)에서 '안전보건공단' 또는 '위기탈출 안전보건' 애플리케이션 설치

오프라인(인쇄물) 자료 받아보기

[포스터]

[OPL]

공단에서 발간한 다양한 인쇄물, 시청각 자료 등을 산하기관 자료 전시실을 통해 무료로 제공하고 있습니다.

※ 산하기관 문의 : 1644-2275

팸플릿 뒷면에 기재된 산하기관에 문의를 하신 후 방문하시면 받아 보실 수 있습니다.

SAFETY & HEALTY MEDIA GUIDE BOOK

사업주·관리감독자용 안전보건자료

사업주·관리감독자용 안전보건자료는 사업주 또는 관리자들이 알아야 할 안전·보건에 관한 법률뿐만 아니라 근로자 교육 시 활용할 수 있는 다양한 자료를 제공하고 있습니다.

자료검색 → 공단홈페이지 → 안전보건자료실 → 업종별자료 → 업종선택 → 책자/교재, 교안(PPT)

교재

안전보건교육 등 사업장의 자율안전보건 활동에 활용할 수 있는 교재를 개발, 제공하고 있습니다.

교안(PPT)

사업장의 안전보건교육에 활용할 수 있는 교안(PPT)을 개발, 제공하고 있습니다.

안전보건자료를 잘 활용하면 사업장이 안전해집니다.

자료검색 → 공단홈페이지 → 안전보건자료실 → e-실무길잡이

업종현황, 공정현황, 안전보건 실무정보, 안전작업방법 등
실무에 즉시 적용할 수 있는 정보를 제공하고 있습니다.

e-실무길잡이

업종별 (29개 업종)

제조업(16개 업종)

- 전자제품 제조업
- 인쇄업
- 고무제품 제조업
- 비금속 및 금속제품제조업
- 골판지 및 종이용기제조업
- 건설용 금속제품 제조업
- 기계기구 제조업
- 선박건조 및 수리업
- 식료품 제조업
- 플라스틱 가공제품 제조업
- 전기기계기구 제조업
- 자동차·모터사이클 수리업
- 수송용 기계기구 제조업
- 도자기 및 기타 요업제품 제조업
- 수산식료품 제조업
- 목재 및 나무제품 제조업

건설업(2개 업종)

- 토공사(굴착공사)
- 철근콘크리트 작업

서비스업(6개 업종)

- 건물 관리업
- 위생 및 유사서비스업
- 음식 및 숙박업
- 교육 서비스업
- 보건 및 사회복지사업
- 도소매 및 소비자용품 수리업

운수업(2개 업종)

- 택배·퀵 서비스업
- 여객·화물자동차 운수업

항만 하역업(1개 업종)

- 항만 하역업

임업(1개 업종)

- 임업

농업(1개 업종)

- 농업

직종별 (24개 업종)

- 기계공구 조작 종사자
- 용접·화염 절단 종사자
- 철골 설치·조립 관련 종사자
- 자동차 조립 종사자
- 환경 미화 관련 종사자
- 건물 청소 관련 종사자
- 배달·화물 운반 종사자
- 경비·수위 관련 종사자
- 음식조리 종사자
- 벌목·영림 관련 종사자
- 건축 목공 관련 종사자
- 콘크리트 타설 관련 종사자
- 건물 도장 종사자
- 금속주형 및 모형제조 종사자
- 미장 공사 종사자
- 연관 및 배관 종사자
- 자동차 정비 종사자
- 화물트럭 및 특수차 운전 종사자
- 시멘트 및 광물 제품 제조기 조작 종사자
- 자동차 부품 조립 종사자
- 목제품 제조 관련 종사자
- 플라스틱 제품 생산기 조작 종사자
- 하역 및 적재 관련 단순 종사자
- 기타 판매 관련 종사자

SAFETY & HEALTY MEDIA GUIDE BOOK

근로자용 안전보건자료

근로자용 안전보건자료는 근로자의 안전의식을 고취시킬 수 있는 시청각 자료 및 포스터, 표지(스티커), 리플릿(OPL) 등의 자료를 개발하여 제공하고 있습니다

자료검색: 공단홈페이지 → 안전보건자료실 → 업종별자료 → 업종선택 → 동영상 / 애니메이션

동영상

사업장의 유해·위험요인을 근로자가 쉽게 이해할 수 있도록 안전보건 동영상을 개발, 제공하고 있습니다.

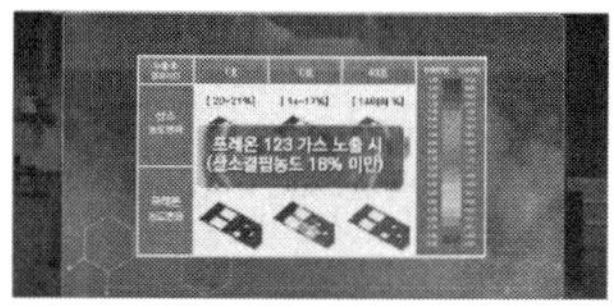

애니메이션

안전보건 재해사례를 쉽게 이해할 수 있도록 재미있는 애니메이션으로 개발, 제공하고 있습니다.

안전보건자료를 잘 활용하면 사업장이 안전해집니다.

자료검색 → 공단홈페이지 → 안전보건자료실 → 업종별 자료 → 업종 선택 → 포스터/스티커, 리플릿(OPL)

포스터 표지(스티커)

근로자의 안전의식 고취를 위해 현장에서 바로 활용될 수 있는 포스터, 표지(스티커) 자료를 개발, 제공하고 있습니다.

리플릿(OPL)

리플릿(OPL)은 안전작업방법, 재해사례 등 핵심 안전보건 정보를 알기 쉽게 1~4면 내외로 요약, 제공하고 있습니다.

SAFETY & HEALTY MEDIA GUIDE BOOK

취약계층 안전보건자료

국내 체류 외국인 근로자, 장년·여성근로자 등 취약계층 근로자를 위한 안전보건자료를 개발, 제공하고 있습니다.

자료검색 → 공단홈페이지 → 안전보건자료실 → 외국인 자료 / 계층별 자료 → 장년·여성 근로자

외국인 근로자

외국인 근로자용 안전보건자료를 13개 언어로 개발, 제공하고 있습니다.

장년·여성 근로자

장년근로자 및 여성근로자를 대상으로 재해예방 안전보건자료를 개발, 제공하고 있습니다.

정기간행물

매월 안전보건 정보가 담긴 정기간행물
월간 '안전보건'을 발행하여 사업장에 제공하고 있습니다.

자료검색 → 공단홈페이지 → 안전보건자료실 → 월간 안전보건

사업장의 안전보건 활동을 지원하기 위해 매월 발행되는
무료 정기간행물 입니다.

월간 '안전보건'

구독 신청방법

공단홈페이지 → 안전보건자료실 → 월간 안전보건 → 구독신청

구독신청을 하시면 우편으로 매달 받아보실 수 있습니다.
※ 사업자등록번호 입력·조회 후 신청 가능합니다.

SAFETY & HEALTY MEDIA GUIDE BOOK

미디어 현장배송 서비스로 안전한 사업장을 만드세요~

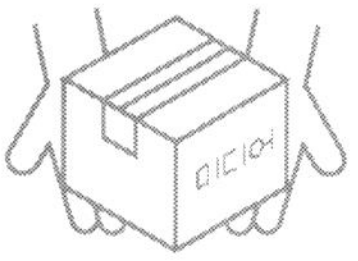

안전보건공단 홈페이지 내 미디어 현장배송 또는
미디어 홈페이지(http://media.kosha.or.kr)에서 미디어를 신청해서 받아보세요.

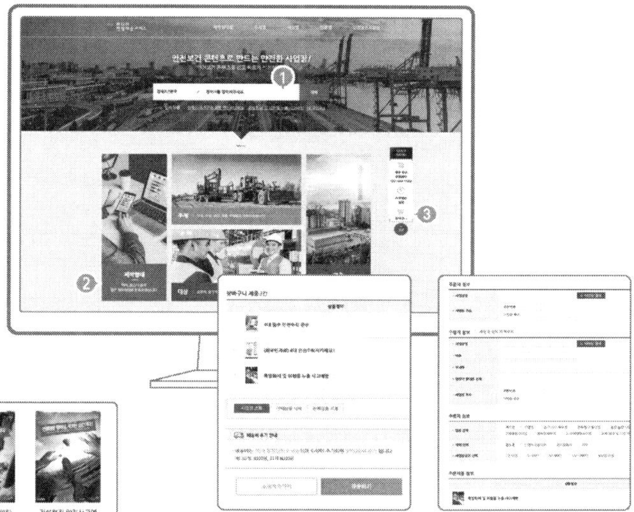

① 자료찾기
홈페이지에서 필요한
미디어를 찾아보세요.

② 자료담기 선택

선택한 미디어의 장바구니 아이콘을
클릭하시면 자료담기가 완료됩니다.

③ 담은자료 표시
장바구니를 클릭하시면 선택한
자료를 한 번에 볼 수 있습니다.

④ 주문하기
주문하기를 누른 후 배송정보를
기입하시면 배송신청이 완료됩니다.

▶ 사업장 정보입력을 통해 간단히 신청 하실 수 있습니다.
사업자등록번호, 산재보험가입번호(사업개시번호) 입력 및 조회 후 신청 가능

▶ 사업장에서 직접 받아보실 수 있습니다.
선택하신 자료를 포장하여 택배로 배송해 드립니다.

▶ 미디어 현장배송 서비스 운영 기준 안내 입니다.
많은 사업장에 서비스를 제공코자 부득이하게 신청 및 배송에 제한이 있으니 양해 부탁드립니다.

1. 사업장별 월 최대 90부를 신청할 수 있습니다. (1박스당 최대30부 포장)
   ※ 사업장별 누적 부수가 확인되어 초과 시 신청 불가하여, 익월 신청 가능
2. 배송비용은 신청자 부담(착불)으로 운영됩니다. (1박스당 3,000원)
3. 신청 및 재고 수량 등을 고려하여 서비스 종수 및 수량이 변경될 수 있습니다.

위기탈출 안전보건 앱

손쉽게 손안에서 위기탈출 안전보건 앱으로 안전을 지키세요.

일터의 안전을 지키는 위기탈출 안전보건

❶ 10분 안전교육

안전보건교육 시 필요한 교육주제에 맞는 콘텐츠 제공

❷ 사고포착

전국 실시간 산업재해 속보 제공

❸ 안전보건자료

재해사례, 전자책, 동영상 등 안전보건 자료 제공

❹ Safety AR

증강현실(Augmented Reality, AR) OPL 이미지 스캔을 통하여 3차원 가상물체를 체험하는 콘텐츠 제공

❺ 건강증진

나의 건강수준 평가, 중량물 취급방법, 건강증진 센터 안내

❻ 건설업 기초 안전보건 교육

건설업 기초 안전보건교육 이수 여부 및 교육기관 안내

앱 설치

QR코드를 스캔하면 안전보건공단 앱을 다운로드 또는 업데이트 받을 수 있습니다.

구글 Play스토어(Android), 앱스토어(iOS)에서

'안전보건공단' 또는 **'위기탈출 안전보건'** 애플리케이션 설치

2018-교육미디어-238

OPEN 공공누리 공공저작물 자유이용허락

안전보건자료 담당부서 연락처

기관명	전화	주소
공단 본부	052-7030-696	울산광역시 중구 종가로 400 안전보건공단 본관 4층 교육미디어실
산업안전보건연구원	052-7030-826	울산광역시 중구 종가로 400 안전보건공단 산업안전보건연구원 보건동 5층 연구지원부
산업안전보건교육원	052-703-0975	울산광역시 중구 종가로 400 안전보건공단 산업안전보건교육원 3층 과정운영부
산업안전보건인증원	052-703-0752	울산광역시 중구 종가로 400 안전보건공단 산업안전보건연구원 안전동 3층 보호구인증부
서울지역본부	02-6711-2916	서울특별시 영등포구 버드나루로2길 8, 7층 안전보건공단 서울지역본부 교육센터
서울북부지사	02-3783-8350	서울시 중구 칠패로 42 우리빌딩 7층 안전보건공단 서울북부지사 교육문화부
강원지사	033-815-1058	강원도 춘천시 경춘로 2370 (온의동) 한국교직원공제회관 2층 안전보건공단 강원지사 교육문화부
강원동부지사	033-820-2552	강원도 강릉시 허슬라로 182 (교동) 정관빌딩 3층 안전보건공단 강원동부지사 교육문화부
부산지역본부	051-520-0566	부산시 금정구 중앙대로 1763번길 26 안전보건공단 부산지역본부 교육센터
부산북부출장소	051-319-4386	부산시 사상구 괘감로 37, 403호(괘법동, 부산산업용품유통단지 산업빌딩 4층)
울산지사	052-226-0567	울산광역시 남구 중앙로 208번길 5, 3층 (신정동) 안전보건공단 울산지사 교육문화부
경남지사	055-269-0516	경남 창원시 의창구 중앙대로 259 (용호동) 안전보건공단 경남지사 교육문화부
경남동부지사	055-371-7500	경남 양산시 동면 남양산 2길 51 양산노동합동청사 4층 안전보건공단 경남동부지사 교육문화부
광주지역본부	062-949-8714	광주광역시 광산구 우산동 무진대로 282 무역회관빌딩 9층 안전보건공단 광주지역본부 교육센터
전북지사	063-240-8523	전북 전주시 덕진구 건산로 251 (인후동) 고용노동부종합청사 4층 안전보건공단 전북지사 교육문화부
전북서부지사	063-460-3616	전북 군산시 자유로 482 군산자유무역지역관리원 청사동 2층 안전보건공단 전북서부지사 교육문화부
전남동부지사	061-689-4915	전남 여수시 무선중앙로 35 (선원동) 안전보건공단 전남동부지사 교육문화부
전남지사	061-288-8700	전남 무안군 삼향읍 후광대로 242 전남개발공사빌딩 7층 안전보건공단 전남지사 교육문화부
제주지사	064-797-7523	제주시 연삼로 473 (이도동) 경제통상진흥원 4층 안전보건공단 제주지사 교육문화부
중부지역본부	032-5100-589	인천시 부평구 무네미로 478 (구산동) 안전보건공단 중부지역본부 교육센터
경기지사	031-259-7176	경기도 수원시 영통구 광교로 107 (이의동) 경기중소기업종합지원센터 13층 안전보건공단 경기지사 교육문화부
경기북부지사	031-828-1944	경기도 의정부시 추동로 140 (신곡동) 경기북부상공회의소 1층 안전보건공단 경기북부지사 교육문화부
경기서부지사	031-481-7555	경기도 안산시 단원구 광덕4로 230 (고잔동) 제이엔컨벤션웨딩홀 2층 안전보건공단 경기서부지사 교육문화부
경기동부지사	031-785-3355	경기도 성남시 분당구 쇳골로 17번길 3 (금곡동) 소곡회관 2층 안전보건공단 경기동부지사 교육문화부
경기중부지사	032-680-6551	경기도 부천시 원미구 송내대로 265번길 19 (상동) 대신플라자 3층 안전보건공단 부천지사 교육문화부
대구지역본부	053-609-0576	대구시 중구 국채보상로 648 (동인동) 호수빌딩 19층 안전보건공단 대구지역본부 교육센터
대구서부지사	053-650-6813	대구시 달서구 달구벌대로 1834 (두류동) 성안빌딩 5층 안전보건공단 대구서부지사 교육문화부
경북동부지사	054-271-2014	경북 포항시 남구 포스코대로 402 (대도동) 안전보건공단 경북동부지사 교육문화부
경북지사	054-478-8063	경북 구미시 3공단 1로 312-23 (임수동) 안전보건공단 경북지사 교육문화부
대전지역본부	042-620-5674	대전광역시 유성구 엑스포로 339번길 60 (문지동) 3층 안전보건공단 대전지역본부 교육센터
충북지사	043-230-7113	충북 청주시 흥덕구 가경로 161번길 20 (가경동) KT빌딩 3층 안전보건공단 충북지사 교육문화부
충남지사	041-570-3400	충남 천안시 서북구 광장로 215 (불당동) 충남경제종합지원센터 3층 안전보건공단 충남지사 교육문화부

부록 3 | 건설현장 사망사고 다발 7대 작업안전

2018-건설-000

작업 전 안전점검 당신의 생명을 지킵니다 조심조심 코리아

1 Target 중점순찰

재해예방 ONE PAGE 기술자료

공장 신축, 철거, 개·보수공사 작업안전

철골조립, 지붕 패널설치 등 마감작업 시는 떨어짐 방지를 위한 추락방호망·안전대 부착설비를 설치 후 안전대를 걸고 작업 실시

주요 위험요인

철골 조립 작업 중 떨어짐

공장 지붕 개·보수작업 중 떨어짐

지붕 패널 작업 중 떨어짐

안전점검 체크포인트

번호	점검내용	✓체크
1	철골부재 양중작업의 신호방법을 정하고 유도자를 배치하였는가?	
2	철골 조립작업은 시공절차에 따라 적합하게 이루어지도록 작업지휘를 실시하고 있는가?	
3	데크플레이트는 조립순서에 따라 개구부가 최소화되도록 작업이 이루어지고 있는가?	
4	철골조립 또는 공장 개·보수 작업 시 안전한 승·하강을 위한 가설사다리를 설치하고 추락방지대를 사용하고 있는가?	
5	철골 조립 또는 지붕 개·보수 공사 시 떨어짐 방지를 위한 추락방호망을 설치하였는가?	
6	안전대를 안전하게 걸어 사용할 수 있는 부착설비를 설치하고 근로자에게 안전대를 착용토록 조치하였는가?	
7	슬레이트, 지붕채광용 주름 플라스틱판 등 파손되기 쉬운 지붕 개·보수 작업 시 폭 30cm 이상인 작업발판을 설치하고 안전대를 착용하였는가?	
8	지붕작업 시 상·하부 동시작업을 금지하고 다른 작업자 및 일반인들이 작업구역 내에 접근할 수 없도록 가설휀스, 출입금지 표지판 등을 설치하였는가?	

고용노동부 산업재해예방 안전보건공단

| 주요 사고 사례 | 01

철골 보조빔 설치작업 중 떨어짐

공 사 명	○○○공장 신축공사	발생일시	2017. 1. 22(일) 12:19경
재해형태	떨어짐	재해정도	사망 1명
소 재 지	경상남도 양산시	공사규모	공장동 1개동
재해개요	2017. 1. 22(일) ○○공장 신축공사 현장에서 철골공인 재해자가 공장동 지붕 철골보 상에서 작업 중 5m 아래 지상바닥으로 떨어져 사망한 재해임.		

재해상황도

안전대책

■ **철골상부에서 작업 시 떨어짐 방지조치 철저**

- 사업주는 근로자가 철골상부와 같이 떨어질 위험이 있는 장소에서 작업할 경우에는 철골하부에 추락방호망을 설치하고 안전대를 걸어 사용할 수 있는 부착설비를 별도로 설치토록 하여야 함

우)44429 울산광역시 중구 종가로 400(북정동) 고객만족센터 TEL 052. 7030. 500 1644-4544

고용노동부 산업재해예방 안전보건공단

2018-건설-000

작업 전 안전점검 당신의 생명을 지킵니다 조심조심 코리아

중점순찰

2 Target

재해예방 ONE PAGE 기술자료

비계 상 작업, 조립·해체 작업안전

거푸집 조립, 외벽마감 등 작업 시는 작업발판·안전난간·낙하물 방지망·방호선반의 올바른 설치 및 보호구 착용상태 확인 실시

주요 위험요인

거푸집 해체 작업 중 떨어짐

돌 붙임 작업 중 떨어짐

비계 조립·해체 작업 중 떨어짐

안전점검 체크포인트

번호	점검내용	✓체크
1	비계기둥에는 미끄러지거나 침하방지를 위해 밑받침 철물 또는 깔판·깔목 등을 사용하고 밑둥잡이를 설치하는 등의 조치를 하였는가?	
2	비계기둥은 이동이나 흔들림을 방지하기 위해 수평재, 가새 등이 견고하게 고정되어 있는가?	
3	작업발판은 비계의 장선 등에 이탈되거나 탈락하지 않도록 2개 이상의 지지물에 고정되어 있는가?	
4	작업발판의 전체 폭은 40㎝ 이상이어야 하고, 발판재료간 틈은 3㎝ 이하로 설치되어 있는가?	
5	작업발판은 작업이나 이동 시의 떨어짐, 넘어짐, 미끄러짐 등으로 인한 재해를 예방할 수 있는 구조로 설치되어 있는가?	
6	근로자가 떨어질 우려가 있는 통로, 작업발판의 가장자리, 개구부 주변, 경사로 등에는 안전난간이 설치되어 있는가?	
7	난간기둥의 설치간격은 수평거리 2m를 초과하지 않는 범위에서 상부 난간대와 중간 난간대를 견고하게 떠받칠 수 있도록 적정 간격을 유지하고 있는가?	
8	낙하물 방지망의 내민길이는 비계 또는 구조체의 외측에서 수평거리 2m 이상으로 하고, 수평면과의 경사각도는 20~30° 정도로 설치하였는가?	
9	근로자, 보행자 및 차량 등의 통행이 빈번한 곳의 첫 단은 낙하물 방지망 대신에 방호선반을 설치하였는가?	

고용노동부 산업재해예방 안전보건공단

| 주요 사고 사례 | 02

외부비계에서 돌붙임 작업 중 떨어짐

공 사 명	○○○(다가구 주택 신축공사)	발생일시	2017. 10. 18.(수) 10:00경
재해형태	떨어짐	재해정도	사망 1명, 부상 1명
소 재 지	강원 ○○○시	공사규모	지상 4층 (1개동)
재해개요	2017. 10. 18(수) 10:00경 다가구 주택 신축공사 현장에서 석공인 재해자가 외부비계 줄눈 작업 중 떨어져 사망한 재해임.		

재해상황도

안전대책

- **외부비계 작업발판 설치 철저**
  - 외부비계 상부에서 작업 시 작업발판을 빈틈없이 견고하게 설치한 후 작업 실시
- **개인보호구(안전모, 안전대) 착용 철저**
  - 떨어질 위험이 있는 장소에서 작업 시 안전모, 안전대 등의 개인보호구를 지급하고 작업 중 착용토록 관리하여야 함.

우)44429 울산광역시 중구 종가로 400(북정동) 고객만족센터 TEL 052. 7030. 500 1644-4544

고용노동부 산업재해예방 안전보건공단

2018-건설-000

작업 전 안전점검 당신의 생명을 지킵니다 조심조심 코리아

중점순찰

3 Target

재해예방 ONE PAGE 기술자료

관로공사 작업안전

굴착공사 시 굴착면 기울기, 공사현장 주변도로 등의 침하·균열발생 유무 등 사전점검 실시

주요 위험요인

흄관 부설 중 굴착면 무너짐

옹벽 시공 중 굴착면 무너짐

흙막이 설치 중 굴착면 무너짐

안전점검 체크포인트

번호	점검 내용	✔체크
1	굴착작업 전 작업장소 및 주변지반에 대하여 균열·용수 유무 또는 상태를 점검하였는가?	
2	굴착 토사나 자재 등 중량물을 흙막이 배면지반에 적치하지 않도록 조치하였는가?	
3	표면수가 지중으로 침투하지 못하도록 굴착배면에 배수로를 설치하거나 비닐막 설치 또는 버림 콘크리트를 타설하였는가?	
4	흙막이지보공 부재의 변형, 부식, 손상 및 탈락의 유무와 상태를 점검하고 있는가?	
5	계측결과 분석을 통한 계측 결과 값의 지속적 또는 이상 유무를 확인하고 있는가?	
6	비탈면 안정을 위하여 비탈면 기울기 완화 등 근본적인 조치를 실시하였는가?	
7	절·성토 비탈면 상부에 우수 등 유입 방지를 위하여 산마루측구 등 배수로를 설치하였는가?	
8	절·성토 비탈면 위험예상구간에 안전표지판 설치 및 근로자 출입금지 조치를 하였는가?	
9	관로굴착 시 토질에 알맞은 적정 굴착 비탈면 기울기를 확보하거나 (조립식 간이)흙막이지보공을 설치하였는가?	

고용노동부 산업재해예방 안전보건공단

| 주요 사고 사례 | 03

관로 설치작업 중 굴착면이 무너짐

공 사 명	○○○하수관거 정비사업	발생일시	2017. 08. 22(화) 14:14경
재해형태	무너짐	재해정도	사망 1명
소 재 지	인천시 ○○○	공사규모	오수관로 L=17km
재해개요	2017. 08. 22.(화) 14:14경 하수관거 정비사업 현장에서 관로공인 재해자가 오수관 설치 작업 중 굴착사면(높이 1.7m)이 무너져 사망한 재해임.		

재해상황도

안전대책

■ **지반 등의 굴착 시 위험방지 철저**

- 지반 굴착 시 굴착면의 기울기를 기준(보통흙(습지) : 1:1~1:1.5)에 맞도록 하거나 흙막이 설치 등 기울기면의 무너짐 방지를 위하여 적절한 조치를 하여야 함

■ **지반의 무너짐에 의한 위험방지 철저**

- 지반을 안전한 경사로 하고 낙하의 위험이 있는 토석을 제거하거나 옹벽, 흙막이 지보공 등을 설치하고
- 지반의 무너짐 또는 토석의 낙하 원인이 되는 빗물이나 지하수 등을 배제한 상태에서 안전하게 작업을 실시하여야 함

우)44429 울산광역시 중구 종가로 400(북정동) 고객만족센터 TEL 052. 7030. 500 1644-4544

고용노동부 산업재해예방 안전보건공단

2018-건설-000

작업 전 안전점검 당신의 생명을 지킵니다 조심조심 코리아

4 Target 중점순찰

재해예방 ONE PAGE 기술자료

이동식 건설기계 사용 작업안전

이동식크레인, 고소작업대, 굴삭기, 트럭류 등 4대 건설기계·장비 사용 작업 시는 줄걸이 방법, 정격하중 준수, 안전장치 부착, 근로자 통제 상태 등을 확인 실시

주요 위험요인

후진 중인 덤프트럭에 충돌

선회하는 굴삭기와 구조물사이에 끼임

상부 작업대가 흔들려 떨어짐

안전점검 체크포인트

번호	점검내용	✔ 체크
1	차량계 건설기계를 사용하는 작업 시 사전조사 및 작업 계획서를 작성하였는가?	
2	차량계 건설기계 종류별 능력 검토 및 주요 구조부·안전장치 등 전반적인 안전점검을 실시하여 결함여부 확인하고 이상 시 개선조치를 하였는가?	
3	차량계 건설기계 운전자의 자격 적합유무 및 경험 정도를 사전에 확인하였는가?	
4	차량계 건설기계를 사용하는 작업 시 유도자(신호수)를 배치하고 일정한 방법으로 신호하고 있는가?	
5	차량계 건설기계를 사용하는 작업 시 운전자에게 안전장치를 임의 해제하거나 개조하지 않도록 안전교육을 실시하고 관리감독을 하고 있는가?	
6	차량계 건설기계의 주행 및 후진 시 근로자에게 위험을 알려주는 경보장치가 설치되고 정상 상태로 작동하고 있는가?	
7	차량계 건설기계의 전도, 전락방지를 위한 작업장소의 지반상태, 주행로 확보 등 안전조치를 하였는가?	
8	차량계 건설기계를 사용하는 작업에 줄걸이용 와이어로프 등 줄걸이 용구의 안전율 확보 및 적정 사용기준에 해당하는지 확인하였는가?	
9	차량계 건설기계의 작업 범위 내에 작업근로자의 접근을 통제하고 있는가?	

고용노동부 산업재해예방 안전보건공단

| 주요 사고 사례 | 04

후진하는 굴삭기의 바퀴에 깔림

공 사 명	○○○배수로 정비공사	발생일시	2017. 07. 21(금) 13:40경
재해형태	끼임	재해정도	사망 1명
소 재 지	인천시 ○○군	공사규모	배수관로 L=54m
재해개요	2017. 07. 21(금) 13:40분경 인천시 ○○군 소재「○○○배수로정비공사」현장에서 배관공인 재해자가 배수로 안에 쌓인 모래를 정리하는 작업 중 굴삭기 바퀴에 깔려 사망한 재해임.		

재해상황도

안전대책

■ **굴삭기 작업 시 접촉의 방지 조치 철저**

- 차량계 건설기계를 사용하는 작업을 하는 경우 접촉되어 근로자가 부딪힐 위험이 있는 장소에 근로자를 출입금지 시키거나 유도자를 배치하고 작업을 하도록 하여야 함

우)44429 울산광역시 중구 종가로 400(북정동) 고객만족센터 TEL 052. 7030. 500 1644-4544

고용노동부 산업재해예방 안전보건공단

2018-건설-000

작업 전 안전점검 당신의 생명을 지킵니다 조심조심 코리아

5 Target 중점순찰

재해예방 ONE PAGE 기술자료

달비계 작업안전

달비계 작업 시 지지로프가 풀리거나 끊어질 위험이 있으므로 상부에 두 군데 이상 로프를 견고하게 묶어야 하며 작업 시에는 수직구명줄을 별도로 설치하여 떨어짐 방지대를 걸고 작업

주요 위험요인

로프가 절단 또는 풀리면서 떨어짐

전로에 근접하여 작업 중 감전

도장작업 중 작업도구 떨어져 맞음

안전점검 체크포인트

번호	점검 내용	✔ 체크
1	작업 전에 로프 및 작업대 손상여부, 로프 지지물, 로프 여유길이 등을 확인하였는가?	
2	작업로프와 수직구명줄은 풀리지 않도록 견고한 지지물에 두 군데 이상 결속하였는가?	
3	작업대 탑승 전에 안전대를 부착하는 등 개인보호구를 올바르게 착용하였는가?	
4	작업 전 작업장 주변에 고압전로 등 감전위험 시설물 존재여부를 확인하였는가?	
5	고압전로 근접작업 시 절연용 방호관 설치, 감시인 배치 등의 조치를 하였는가?	
6	작업장 하부에는 출입금지구역을 설정하고 관계 근로자 외의 근로자 출입을 통제하였는가?	
7	작업로프와 구조물모서리의 접촉·마찰로 인한 손상방지를 위한 보호조치를 하였는가?	
8	상·하 동시작업을 금지하고 작업자 간에는 신호체계를 구축 하였는가?	

고용노동부 산업재해예방 안전보건공단

| 주요 사고 사례 | 05

도장작업 중 작업로프가 풀리며 떨어짐

공 사 명	○○아파트 신축공사	발생일시	2017. 11. 15.(수)15:30경
재해형태	떨어짐	재해정도	사망 1명
소 재 지	하동군 ○○면 ○○리	공사규모	아파트 1개동(18층)
재해개요	2017. 11. 15.(수)15:30경 하동군 ○○면 소재 ○○아파트 신축공사 현장에서 도장공인 재해자가 달비계에 탑승하여 도장작업 중 옥상조형물(콘크리트 가로보)에 고정된 로프가 풀리면서 약 52m 아래로 떨어져 사망한 재해임.		

재해상황도

안전대책

■ **달비계 작업 시 작업용 로프의 지지 · 체결 철저**

- 달비계 작업 시 작업용 로프는 풀리지 않도록 견고한 상태로 로프용 고리 또는 콘크리트 구조물 등에 2곳 이상 견고하게 체결

■ **달비계 작업 시 관리감독자 관리감독 철저**

- 사업주는 달비계를 사용하는 작업을 시키는 때에는 작업 시작 전에 작업로프와 보조로프(안전대 걸이용 로프)에 설치 된 안전대 부착설비(추락방지대) 및 근로자의 안전대 착용상태를 철저히 관리감독하여야 함

우)44429 울산광역시 중구 종가로 400(북정동) 고객만족센터 TEL 052. 7030. 500 1644-4544

고용노동부 산업재해예방 안전보건공단

2018-건설-000

작업 전 안전점검 당신의 생명을 지킵니다 조심조심 코리아

중점순찰 6 Target

재해예방 ONE PAGE 기술자료

이동식 가설도구 사용 시 작업안전

마감공사 등 내부 작업 시는 이동식비계, 말비계, 이동식사다리의 올바른 설치상태(안전시설 포함) 확인 및 작업방법 준수

주요 위험요인

미장작업 중 이동식비계에서 떨어짐

면정리 중 말비계에서 떨어짐

전기작업 중 이동식 사다리가 넘어짐

안전점검 체크포인트

번호	점검 내용	✔체크
1	이동식비계의 바퀴를 고정시킨 다음 비계의 일부를 시설물에 고정하거나 아웃트리거를 설치하는 등의 조치를 하고 작업을 실시하고 있는가?	
2	이동식비계에 근로자가 안전하게 승·하강 할 수 있도록 사다리를 설치하였는가?	
3	비계의 최상부에는 근로자의 떨어짐을 예방하기 위해 안전난간을 설치하였는가?	
4	이동식 비계의 작업발판은 수평을 유지하고 작업발판 위에서 안전난간을 딛고 작업하거나 받침대 또는 사다리를 사용하여 작업하지 않도록 관리감독하고 있는가?	
5	말비계 지주부재의 하단에는 미끄럼 방지장치를 하고, 양측 끝부분에 올라서서 작업하지 않도록 하고 있는가?	
6	말비계 작업발판 폭은 40㎝ 이상 설치하고, 지주부재와 지주부재 사이는 벌어지지 않도록 고정시키는 보조부재가 설치되어 있는가?	
7	사다리 설치각도는 75° 이하로 유지하고 작업 높이의 1/4 길이만큼 사다리 바닥을 벽면에서 떼어서 설치하고 작업하고 있는가?	
8	바닥 지형에 따라서 마찰력이 큰 재질의 미끄럼 방지장치가 설치된 사다리를 사용하고 있는가?	
9	사다리 바닥을 편평하고 단단하게 고정해서 사다리가 측면 등으로 미끄러지거나 지면에서 움직이지 않도록 고정하고 사용하는가?	

고용노동부 산업재해예방 안전보건공단

| 주요 사고 사례 | 06

말비계에서 내려오던 중 떨어짐

공 사 명	○○역 지식산업센터 신축	발생일시	2017. 11. 10.(금) 11:30경
재해형태	넘어짐	재해정도	사망 1명
소 재 지	경기도 안양시 ○○○	공사규모	지하2층 지상17층 1개동
재해개요	2017. 11. 10(금) 11:30경 경기도 안양시 ○○○ 소재, ○○역 지식산업센터 신축공사 현장에서 도장공인 재해자가 말비계(높이 1.3m)에 올라 작업 중 말비계 보조부재가 이탈되면서 떨어져 사망한 재해임.		

재해상황도

안전대책

■ **말비계 설치기준 준수**

- 사업주는 말비계를 조립하여 사용하는 경우 지주부재와 수평면의 기울기를 75도 이하로 하고, 지주부재와 지주부재 사이를 고정시키는 보조부재를 견고하게 설치하여야 함

■ **개인보호구 착용 관리감독 철저**

- 사업주는 말비계 작업 등 근로자가 떨어질 위험이 있는 작업 시 안전모를 지급하고 턱끈을 올바르게 체결하게 하는 등 관리감독 하여야 함

우)44429 울산광역시 중구 종가로 400(북정동) 고객만족센터 TEL 052. 7030. 500 1644-4544

고용노동부 산업재해예방 안전보건공단

2018-건설-000

작업 전 안전점검 당신의 생명을 지킵니다 조심조심 코리아

7 Target 중점순찰

재해예방 ONE PAGE 기술자료

용접·용단, 절단작업 안전

용접·용단 등 화기사용 작업 또는 절단작업 시 불티비산 방지 조치, 작업장소 근거리에 소화기 비치, 작업장 주변 인화성 물질 등 위험물질 이격조치, 화재 감시자 배치 등 예방조치 확인

주요 위험요인

용접 작업 중 불꽃 비산에 의한 화재

절단 작업 중 가스 누출에 의한 폭발

안전점검 체크포인트

번호	점검내용	✔체크
1	절단 또는 용접·용단 작업시 불꽃 비산방지 시설을 설치하였는가?	
2	절단 또는 용접·용단 작업장소 주변에 소화기는 비치되어 있는가?	
3	절단 또는 용접·용단 작업장소 주변에 스티로폼, 우레탄폼, 유류 등 인화성물질은 없는가?	
4	인화성 물질 취급작업(도장작업 등)과 화기 사용작업이 동시에 수행되고 있지 않는가?	
5	착화 위험이 있는 물질(우레탄폼 단열재, 인화성 물질 등) 주변에서 화기사용 작업 시 화재감시인이 배치되어 있는가? ※ ① 연면적 15,000㎡ 건설공사 또는 개조공사가 이루어지는 건축물의 지하장소 ② 연면적 5,000㎡ 이상의 냉동·냉장창고 시설의 설비공사 또는 단열공사 현장 ①, ②에 해당하는 경우에는 화재감시인 배치 법제화	
6	절단 및 용접 작업 실시 장소에 소화기 배치도, 화재위험 등 안내·경고 표지가 설치되어 있는가?	
7	가스용기(LPG, 산소 등)의 압력조정기와 호스 등의 접속부에서 가스누출은 없는가?	
8	인화성 가스가 체류하는 배관·용기의 용접·용단 작업 전 가스누출 또는 잔류가스 여부를 확인하였는가?	

고용노동부 산업재해예방 안전보건공단

| 주요 사고 사례 | 07

건물내부 철거작업 중 용단 불티로 인한 화재

공 사 명	쇼핑몰 3층 매장 원상복구공사	발생일시	2017. 02. 4(토) 11:00경
재해형태	화재	재해정도	사망 2명, 부상 8명
소 재 지	경기도 화성시	공사규모	1개층 내부(1,414㎡)
재해개요	2017. 2. 4.(토) 11:00경 경기도 화성시 소재 쇼핑몰 매장 원상복구공사 현장에서 재해자가 운영 종료된 매장 내 남아있던 인테리어시설을 철거하는 작업 중 용단작업으로 인한 불티가 가연성 자재에 옮겨 붙으면서 화재가 발생하여 2명이 사망하고, 8명이 부상당한 재해임.		

재해상황도

안전대책

■ **통풍 등이 충분하지 않은 장소에서 용단 작업시 화재예방조치 실시**

- 건물 창호가 내부 인테리어 및 가설 칸막이로 인해 차단되어 통풍이나 환기가 충분하지 않고 가연물이 있는 건축물 내부에서 용단과 같은 화기작업을 하는 경우 아래사항을 준수

① 작업준비 및 작업절차 수립　　② 작업장 내 위험물의 사용·보관 현황 파악
③ 용접 불꽃, 불티 등 비산 방지조치　　④ 작업근로자에 대한 화재예방 및 피난교육 등 비상조치

■ **화기 사용 금지조치**

- 가연물에 대한 정리·제거가 이루어지지 않는 화재위험 장소에는 용단 작업 등 화기 사용을 금지하거나 화기 사용 전 사전에 가연물에 대한 정리·제거 실시

■ **소화설비 적정상태 설치**

- 건축물 내부에서 용단 등 작업 시 화재를 예방하기 위해 건축물의 규모, 넓이 및 취급하는 물질의 종류 등을 고려하여 적정한 규격과 종류의 소화설비를 설치하고 화재발생 시 정상적으로 작동하도록 조치해야 함

우)44429 울산광역시 중구 종가로 400(북정동) 고객만족센터 TEL 052. 7030. 500 1644-4544

고용노동부　산업재해예방 안전보건공단

부록 4 | 시설물 유지관리업무 주요 재해사례 및 안전작업방법 I

건물관리업

시설물 유지관리업무

주요 재해사례 및 안전작업방법 I

조심조심 코리아

송풍기 벨트 풀리에 손가락이 끼어 부상

재해 사례

건물 옥상에 있는 송풍기 벨트를 잡아 당기며 이상여부를 확인하던 중 벨트와 풀리 사이에 손가락이 끼어 부상 입음

안전작업방법

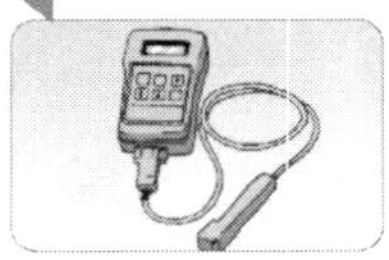

공구를 사용하여 늘어짐 측정

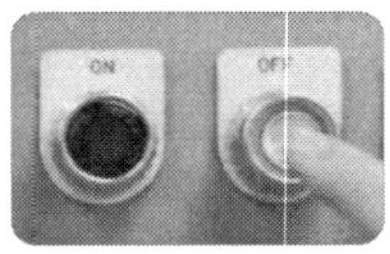

작업 전 전원차단

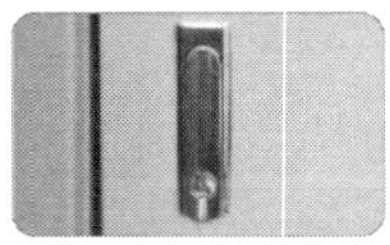

분전반 잠금 조치

변전실 판넬의 이물질을 제거하다 감전

재해 사례

지하주차장 변전실에서 MOF 판넬 뒤편 접지부분 주위의 이물질을 제거하기 위해 손을 뻗는 순간 감전사고 발생

안전작업방법

충전부 절연조치

이물질 제거 시 진공청소기 사용

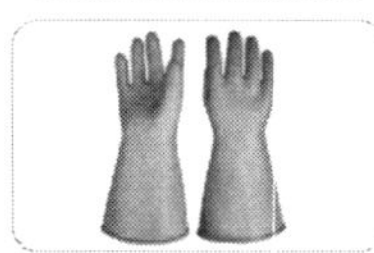

절연장갑 등 보호구 착용

한국산업안전보건공단 032-5100-500 www.kosha.or.kr

2011-교육미디어-763

조심조심 코리아

건물관리업

시설물 유지관리업무

안전작업을 위한 체크리스트

구분	내 용	✓
1	위험작업 시 안전모, 안전화 등 개인보호구를 착용하는가?	
2	각종 계기류 확인 시 감전 예방을 위한 절연장갑을 착용하는가?	
3	정화조의 점검과 같은 산소결핍 작업 시 필요한 측정장비를 갖추거나 사용하는가?	
4	비상상황 발생 시 필요한 응급 연락체계를 갖추고 공기호흡기 등의 보호구를 착용하고 구조작업을 하는가?	
5	정화조 출입 시 작업자 이외의 사람이 출입하지 못하도록 출입금지판을 설치하는가?	
6	임의로 정화조 개방릉 할 수 없도록 잠금장치를 설치하는가?	
7	기계 점검, 보수 시 동력원을 완전히 차단한 후 작업하는가?	
8	고장 난 승강기를 임의로 열거나 기기를 조작하지는 않는가?	
9	각종 전기기계기구 작업 시 작업자가 감전사고에 대한 작업방법을 확실하게 인지하고 있는가?	
10	승강기 점검, 보수 시 접근금지 표지판을 부착하는가?	
11	사다리 작업 시 안전한 작업방법(2인 1조 작업, 안전한 구조의 사다리 사용 등)을 숙지하고 있는가?	
12	소화기 및 소화전의 작동 및 사용방법을 아는가?	
13	흡연하면서 작업하거나 근무 중 음주하지 않는가?	
14	교대 근무 시 적정한 휴식을 취하는가?	
15	주기적으로 스트레칭을 실시하는가?	
16	뇌심혈관계질환 및 근골격계질환 등 자신의 병력에 대해 확실하게 알고 건강관리를 하는가?	

한국산업안전보건공단 http://www.kosha.or.kr

부록 5 | 시설물 유지관리업무 주요 재해사례 및 안전작업방법 II

건물관리업

시설물 유지관리업무

주요 재해사례 및 안전작업방법 II

조심조심 코리아

작업 중이던 그라인더가 갑자기 튀어올라 베임

재해 사례

공동주택단지 수도공사 물받침 작업 중, 그라인더가 갑자기 튀어 올라 오른쪽 종아리 부분이 베이는 부상 입음

안전작업방법

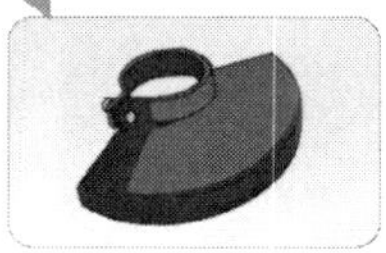

숫돌 덮개 설치

무리한 작업 금지

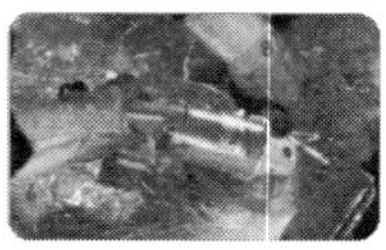

핸드 그라인더 손잡이 사용

소방감지기 제거 중 사다리가 흔들려 추락

재해 사례

사다리를 이용해 천정의 소방감지기를 제거하던 중 사다리가 흔들리면서 떨어져 부상을 입음

안전작업방법

넘어짐 방지 사다리 사용

2인 1조로 작업

안전모 등 보호구 착용

한국산업안전보건공단 032-5100-500 www.kosha.or.kr

2011-교육미디어-764

조심조심 코리아

건물관리업

시설물 유지관리업무

안전작업을 위한 체크리스트

구분	내 용	✓
1	위험작업 시 안전모, 안전화 등 개인보호구를 착용하는가?	
2	각종 계기류 확인 시 감전 예방을 위한 절연장갑을 착용하는가?	
3	정화조의 점검과 같은 산소결핍 작업 시 필요한 측정장비를 갖추거나 사용하는가?	
4	비상상황 발생 시 필요한 응급 연락체계를 갖추고 공기호흡기 등의 보호구를 착용하고 구조작업을 하는가?	
5	정화조 출입 시 작업자 이외의 사람이 출입하지 못하도록 출입금지판을 설치하는가?	
6	임의로 정화조 개방릉 할 수 없도록 잠금장치를 설치하는가?	
7	기계 점검, 보수 시 동력원을 완전히 차단한 후 작업하는가?	
8	고장 난 승강기를 임의로 열거나 기기를 조작하지는 않는가?	
9	각종 전기기계기구 작업 시 작업자가 감전사고에 대한 작업방법을 확실하게 인지하고 있는가?	
10	승강기 점검, 보수 시 접근금지 표지판을 부착하는가?	
11	사다리 작업 시 안전한 작업방법(2인 1조 작업, 안전한 구조의 사다리 사용 등)을 숙지하고 있는가?	
12	소화기 및 소화전의 작동 및 사용방법을 아는가?	
13	흡연하면서 작업하거나 근무 중 음주하지 않는가?	
14	교대 근무 시 적정한 휴식을 취하는가?	
15	주기적으로 스트레칭을 실시하는가?	
16	뇌심혈관계질환 및 근골격계질환 등 자신의 병력에 대해 확실하게 알고 건강관리를 하는가?	

한국산업안전보건공단　　http://www.kosha.or.kr

부록 6 | 불량비계 추방

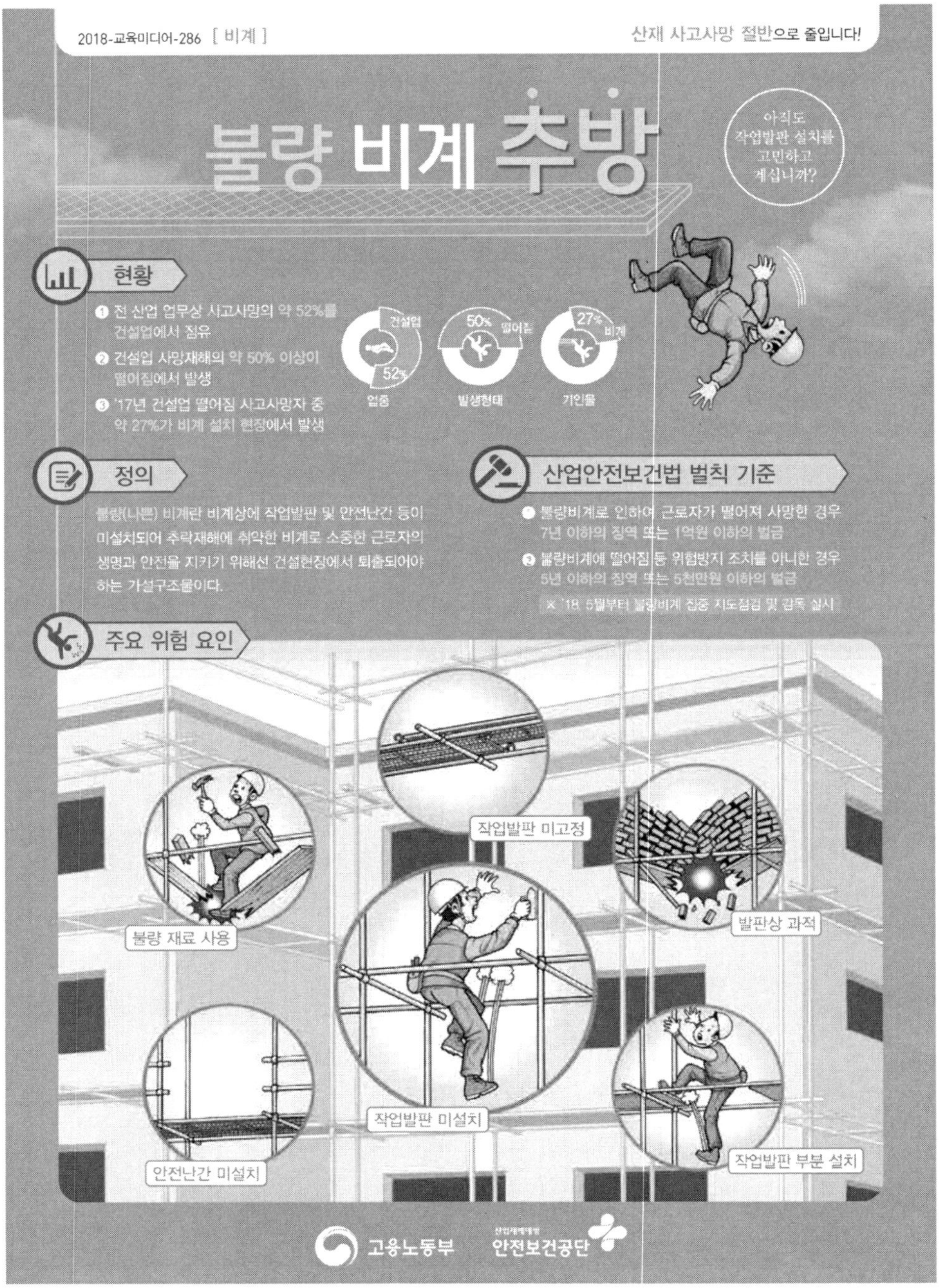
2018-교육미디어-286 [비계]
산재 사고사망 절반으로 줄입니다!
불량 비계 추방
아직도 작업발판 설치를 고민하고 계십니까?
현황
❶ 전 산업 업무상 사고사망의 약 52%를 건설업에서 점유
❷ 건설업 사망재해의 약 50% 이상이 떨어짐에서 발생
❸ '17년 건설업 떨어짐 사고사망자 중 약 27%가 비계 설치 현장에서 발생
건설업
52%
업종
50%
떨어짐
발생형태
27%
비계
기인물
정의
불량(나쁜) 비계란 비계상에 작업발판 및 안전난간 등이 미설치되어 추락재해에 취약한 비계로 소중한 근로자의 생명과 안전을 지키기 위해선 건설현장에서 퇴출되어야 하는 가설구조물이다.
산업안전보건법 벌칙 기준
❶ 불량비계로 인하여 근로자가 떨어져 사망한 경우 7년 이하의 징역 또는 1억원 이하의 벌금
❷ 불량비계에 떨어짐 등 위험방지 조치를 아니한 경우 5년 이하의 징역 또는 5천만원 이하의 벌금
※ '18. 5월부터 불량비계 집중 지도점검 및 감독 실시
주요 위험 요인
작업발판 미고정
불량 재료 사용
발판상 과적
작업발판 미설치
안전난간 미설치
작업발판 부분 설치
고용노동부
안전보건공단

비계 설치 사례

1 쌍줄비계 설치 사례
2 계단실 내 작업발판 설치 사례
3 시스템비계 설치 사례1
4 시스템비계 설치 사례2

비계 설치 기준

하단부	밑받침 철물 또는 깔판·깔목 등을 사용하여 밑둥잡이 설치
기 둥	비계기둥 간격은 띠장방향 1.5~1.8m, 장선방향 1.5m 이하 비계기둥의 최고부로부터 아래방향으로 31m를 넘는 비계기둥은 2본의 강관으로 묶어 세움
띠 장	띠장간격은 1.5m이하, 지상에서 첫 번째 띠장은 높이2m 이하에 설치
장 선	비계기둥과 띠장의 교차부에서는 비계기둥에 결속, 그 중간 부분에서는 띠장에 결속
벽연결	수직×수평으로 5m×5m 이내마다 설치
가 새	기둥간격 10m 마다 45도 각도의 처마방향 가새 설치, 모든 비계기둥은 가새에 결속
난 간	작업발판 단부에 안전난간 설치
기 타	추락 및 낙하물 방지조치 설치 연결 및 이음철물은 가설기자재 성능검정 규격에 규정된 것 사용, 비계기둥간 적재하중 400kg이하

작업발판 구조

작업발판 재료	폭 40cm 이상, 강재 등의 소재를 사용
표 지 판	최대적재하중, 위험경고 등 지시판 부착
난 간 대	상부난간(90~120cm), 중간대 (45~60cm) 설치, 수평내력 100kg 이상
발끝막이판	재료, 공구 등의 낙하위험 장소에 높이 10cm 이상으로 설치
작업발판	작업발판 간격 3cm 이하, 발판 1개당 2개소 이상 지지
이 음 부	발판 재료는 20cm 이상 겹치게 깔고 중앙부는 장선 위에 설치

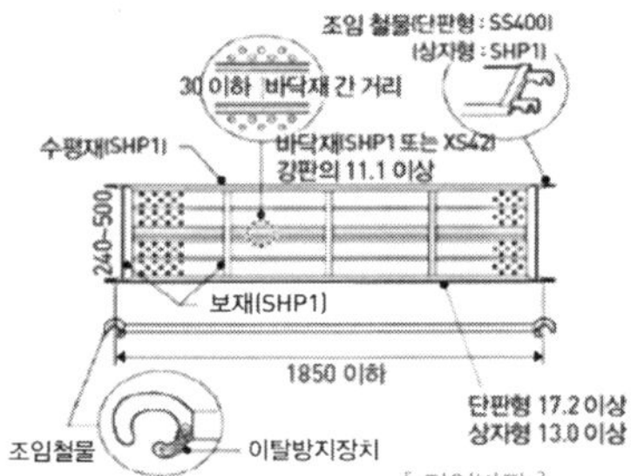

[작업발판]

안전보건공단
44429 울산광역시 중구 종가로 400(북정동) / 고객만족센터 T. 052-7030-500, 1644-4544
자료다운로드 : 안전보건공단 홈페이지(www.kosha.or.kr) → 안전보건자료실

고용노동부 산업재해예방 안전보건공단

부록 7 | 지자체 발주공사, 이것만은 반드시 확인!

2018-교육미디어-305

산재 사고사망 절반으로 줄입니다!

지자체 발주공사, 이것만은 반드시 확인!

재해발생 현황('17년 지자체 발주공사)

구분	떨어짐	부딪힘	무너짐	물체에 맞음	넘어짐	익사	감전	끼임	산소결핍	기타
사망자 수	13	10	6	4	2	4	2	3	2	2

총 사망자 수 48명 중 '떨어짐'으로 인한 사고사망자 수가 13명, 27.1%

주요 사고사망 및 재해발생 작업

비계에서 돌붙임 작업 중 떨어짐

철골조립작업 중 떨어짐

달비계에 탑승하여 도장작업 중 떨어짐

말비계에서 작업 중 떨어짐

흄관 부설 중 굴착면 무너짐

건물내부 철거작업 중 용단 불티로 화재

이것만은 반드시 확인!

연번	중점확인사항	자체점검내용	
		실시	미실시
1	추락위험장소에 작업발판이 설치된 비계(예 : 시스템비계)를 설치 사용		
2	비계 상부에서 작업 시 작업발판을 빈틈없이 견고히 설치		
3	철골조립 시 안전한 승·하강을 위한 가설사다리를 설치하고, 떨어짐 방지를 위한 추락방지대 사용		
4	달비계 작업 시 작업용 로프는 풀리지 않도록 견고한 상태로 로프용 고리 또는 콘크리트 구조물 등에 2곳 이상 체결		
5	관로굴착 시 토질에 알맞은 굴착 비탈면 기울기 확보, 흙막이지보공 설치		
6	용접·용단 등 화기사용 작업 또는 절단작업 시 불티비산방지 조치, 소화기 비치, 주변 인화성물질 이격, 화재감시인 배치		

KEY 메세지 추락위험장소에 '작업발판이 설치된 비계' 사용

고용노동부 산업재해예방 안전보건공단

시스템비계의 정의

[시스템비계]

- 건설현장 구조물 외부에 설치하는 추락방지용 안전시설로서 수직재, 수평재, 가새재, 안전난간, 작업발판 및 부속품 등을 포함한 조립형 비계
  - 수직재 : 비계의 상부하중을 하부로 전달하는 부재로 비계를 조립할 때 수직으로 세우는 부재
  - 수평재 : 수직재의 좌굴을 방지하기 위해 수평으로 연결하는 부재
  - 가새재 : 비계에 작용하는 비틀림 하중이나 수평하중에 견딜 수 있게 고정하는 부재
- 산업안전보건법 제34조(안전인증)에 의해 「추락·낙하 및 붕괴 등의 위험방지 및 보호에 필요한 가설기자재」인 '시스템비계'는 안전인증품을 설치·사용

고소작업 등 추락위험장소의 안전난간, 작업발판 설치예시

[잘못된 설치방법]

①

②

'추락위험장소'에 작업발판이 설치되지 않은 모습

[잘 된 설치방법]

①

②

추락방지용 작업발판이 설치된 시스템비계의 모습

안전보건공단 44429 울산광역시 중구 종가로 400(북정동) / 고객만족센터 T. 052-7030-500, 1644-4544
자료다운로드 : 안전보건공단 홈페이지(www.kosha.or.kr) → 안전보건자료실

고용노동부 산업재해예방 안전보건공단

부록 8 | 안전보건관리담당자 업무 체크리스트

2018-교육미디어-000

산재 사고사망 절반으로 줄입시다!

안전보건관리담당자의 업무 체크리스트

구 분	세부 업무	비고
법 제31조에 따른 안전·보건교육 실시에 관한 보좌 및 조언·지도	☐ 교육 시간 적정 및 특별교육 대상 업무(시행규칙 별표8의2) 보유 여부 확인	

교육구분	교육대상	교육시간(일반근로자)
정기교육	근로자 및 관리감독자	▸ 분기 당 6시간 ▸ 관리감독자 : 연간 16시간
채용 시 교육	채용 후 직무 배치 전 근로자	8시간
작업내용 변경 시 교육	변경된 직무 배치 전 근로자	2시간
특별교육	법정 고위험 직무 배치 전 근로자	16시간

구 분	세부 업무	비고
법 제31조에 따른 안전·보건교육 실시에 관한 보좌 및 조언·지도	☐ 근로자 교육 내용 및 강사 자격(교육규정 별표1)의 적정성 확인 ☐ 근로자 교육 실시 증명 서류(교육일지 등) 보관 여부 확인	
법 제41조의2에 따른 위험성평가에 관한 보좌 및 조언·지도	☐ 위험성평가 방법, 절차, 시기 등의 적정성 확인 ☐ 위험성 감소대책 및 추진일정의 적정성 확인 ☐ 위험성평가 실시내용* 및 결과 서류 기록·보관(3년)의 적정성 확인 * 위험성평가 대상의 유해·위험요인, 위험성결정의 내용, 조치 내용 등	
법 제42조에 따른 작업환경측정 및 개선에 관한 보좌 및 조언·지도	☐ 작업환경측정대상 유해인자(시행규칙 별표11의5) 보유 및 노출 근로자 확인 ☐ 작업환경측정방법(시행규칙 제93조의3) 및 측정횟수(시행규칙 제93조의4) 적정성 ☐ 작업환경측정 결과 보고* 및 서류 보관(5년)의 적정성 * 시료채취를 마친 날부터 30일 이내	
법 제43조에 따른 건강진단에 관한 보좌 및 조언·지도	☐ 건강진단 종류(시행규칙 제98조) 및 건강진단 실시 시기(시행규칙 제99조) 적정성 ☐ 특수건강진단대상 업무(시행규칙 별표 12의2) 보유 및 대상 근로자 확인 ☐ 건강진단별 검사항목 및 실시방법의 적정성(시행규칙 별표 12의2) 확인 ☐ 건강진단 결과 보고* 및 서류 보관(5년)의 적정성 * 진단기관은 건강진단 실시일로부터 30일 이내 근로자에게 송부	
산업재해 발생의 원인 조사, 산업재해 통계의 기록 및 유지를 위한 보좌 및 조언·지도	☐ 산업재해 발생보고* 및 재해원인조사·절차의 적정성 확인 * 사망자 발생 또는 3일 이상 휴업이 필요한 부상 또는 질병이 발생한 경우 발생일로부터 1개월이내 고용부 제출 ☐ 산업재해 원인조사 내용* 및 기록·보존(3년)의 적정성 확인 * ❶ 사업장의 개요 및 근로자의 인적사항 ❷ 재해발생 일시·장소 ❸ 재해발생 원인 및 과정 ❹ 재해 재발방지 계획	
산업안전·보건과 관련된 안전장치 및 보호구 구입 시 적격품 선정에 관한 보좌 및 조언·지도	☐ 안전인증대상 안전장치, 방호장치, 보호구 대상 확인 * (기계·기구 및 설비) ❶ 프레스 ❷ 전단기 및 절곡기 ❸ 크레인 ❹ 리프트 ❺ 압력용기 ❻ 롤러기 ❼ 사출성형기 ❽ 고소작업대 ❾ 곤돌라 ❿ 기계톱(이동식만 해당) * (방호장치) ❶ 프레스 및 전단기 방호장치 ❷ 양중기용 과부하방지장치 ❸ 보일러 압력방출용 안전밸브 ❹ 압력용기 압력방출용 안전밸브 ❺ 압력용기 압력방출용 파열판 ❻ 절연용 방호구 및 활선작업용 기구 ❼ 방폭구조 전기기계·기구 및 부품 ❽ 추락·낙하 및 붕괴 등의 위험 방지 및 보호에 필요한 가설기자재 * (보호구) ❶ 추락 및 감전 위험방지용 안전모 ❷ 안전화 ❸ 안전장갑 ❹ 방진마스크 ❺ 방독마스크 ❻ 송기마스크 ❼ 전동식 호흡보호구 ❽ 보호복 ❾ 안전대 ❿ 차광 및 비산물 위험방지용 보안경 ⓫ 용접용 보안면 ⓬ 방음용 귀마개 또는 귀덮개	

고용노동부 산업재해예방 안전보건공단

찾아보기

123 · ABC

3E 12, 40
4M 13, 40
5C운동 97
Adams 19
Characteristic Diagram 56
Close Analysis 56
Control Chart 56
Fank Bird 18
Frank Bird 21
H.W. Heinrich 16
Harvey 12
MSDS 145
P.C. Compes 41
Pareto Diagram 56
TBM 위험예지 훈련 94
TOP 이론 41
touch & call 95
Weaver 19
Zebetakis 19

(ㄱ)

가죽제 안전화 110
가해물 45
감김 14
감수성 훈련 93
강도율 62
건강진단 158
건설기술진흥법 165
건설사고조사위원회 166
경고 표시 23
경고표지 129
경미상해 13, 50
경상해 13, 50
고무제 안전화 110
공공관리주체 167
공정안전보고서 151, 161
과실 책임 22
관계자 외 출입금지 129
관리감독자 148
관리도 56
관리주체 167
관찰 사이클 96
귀덮개 123
귀마개 123
귀마개·귀덮개 103
근로기준법 11
근로자 11, 140
근로자대표 11, 140
금지표지 129
기기 점검 76
기능 점검 76
기인물 45
긴급안전점검 168, 171
긴급안전조치 172
끼임 14

(ㄴ)

낙하 14
내진성능평가 168
넘어짐 14
노무비율 64

(ㄷ)

단시간 미팅 (즉시 즉흥) 훈련 94
대책 선정의 원칙 53
도괴 14
도급 168
도급사업 144
도급사업의 안전·보건 155
도미노 이론 16
도수율 61
떨어짐 14

(ㅁ)

만인율 66
명령에 의한 진단 79
명시보증 위반 22

무너짐 14
무의 원칙 90
무재해 89, 90
무재해 시간 89
무재해 운동 89
무재해 운동 실천 3원칙 93
무재해 운동의 3요소 91
무재해 운동의 3원칙 90
무재해 운동의 목적 92
무재해 일수 89
묵시보증 위반 22
문제해결 기법 93
물적(물체) 원인 54
물질안전보건자료 145
물체에 맞음 14
민간관리주체 167

■ (ㅂ)

발등 안전화 110
방열두건 126
방열복 125
방진·방독·송기 마스크 103
방호장치 158
방호조치 158
보건기술 진단 79
보안경 103, 127
보안면 102, 127
보증 책임 22
보호구 101
부딪힘 14
불법 행위상의 엄격 책임 22
불안전한 상태 43, 75
불안전한 행동 43, 75
불휴재해 50
붕괴 14
브레인 스토밍 95
브레인 스토밍 4원칙 93
비래 14

■ (ㅅ)

사고 13
사고 재현 불가능성 14
사고발생의 시간성 13
사망 50
사업주 11, 140
산업안전보건 관리비 157
산업안전보건법 11, 139
산업안전보건법 시행규칙 152
산업안전보건위원회 30
산업안전보건정책심의위원회 146
산업안전보건제도 11, 139
산업재해 11, 140
산업재해 기록 153
산업재해 발생 원인 19
산업재해 발생보고 152
산업재해 조사표 48
산업재해기록 146
삼각위험예지 훈련 95
상해 13
상해의 종류 42
선취 기법 93
선취의 원칙 90
성능평가 168
손실 우연의 법칙 53
수시 점검 75
시몬즈 방법 68
시설물 167
시설물안전 167
시설물안전법 167
시설물의 성능평가 174
시설물의 안전 및 유지관리에 관한 특별법 167
시설물의 유지관리 174
신도미노 이론 18

■ (ㅇ)

아담스 19
아차사고 13
안내표지 129
안전 t-점수 65
안전 감독 13
안전 감독(관리) 55
안전 교육 12, 55
안전 기술 13, 55
안전 대책 3E 55
안전 보호구 101

안전 생산 12
안전 인증 83
안전 점검 75
안전 제일 12
안전 진단 78
안전 확인 5지 운동 96
안전 활동률 66
안전·보건진단 11, 140
안전·보건표지 153
안전·보건표지의 부착 147
안전감독 실시 방법(STOP) 96
안전경영 33
안전관리 12, 16, 24
안전관리 조직 28
안전관리계획 166
안전관리의 4cycle 41
안전관리의 목적 12
안전관찰 훈련과정 96
안전기술 진단 79
안전대 102, 115
안전모 102, 105
안전모의 구조 106
안전보건 관리규정 143
안전보건개선계획 34
안전보건관리 33
안전보건관리체제 143
안전보건총괄책임자 148
안전보건표지 128, 134
안전사고 13
안전선취의 3요소 93
안전의 가치 16
안전인증 103, 163
안전장갑 102, 121
안전점검 168, 170
안전화 102, 110
안점 검사 81
연쇄성 이론 19
연천인율 61
예방 가능의 원칙 53
우연성 중의 법칙성 14
원인 계기(연계)의 원칙 53
원포인트 위험예지 훈련 95
웨버 19
위생 보호구 101
위험도 14
위험예지 훈련 93
위험표지의 설치 173
유지관리 168
유해·위험방지 계획서 160
유해·위험예방조치 149
육안 점검 76
인적 원인 54
임시 점검 75

■ (ㅈ)

자베타키스 19
자연 연쇄이론 21
자율 진단 78
자율안전 164
자율안전 확인 103
작업환경측정 11, 140, 161
재해 152
재해 손실비용 66
재해 조사 39
재해 통계 55, 58
재해대책 54
재해사고 75
재해손실 53
재해예방 53
재해율 61
전도 14
전리 15
전복 14
절연장화 110
절연화 110
접촉 14
정기 점검 75
정밀 점검 76
정밀안전진단 168, 171
정전기 안전화 110
제1종 시설물 169
제2종 시설물 169
제3종 시설물 170
제조물 책임 22
종합 진단 79
종합재해지수 64

중대재해 11, 140, 148
중상해 13, 50
지시표지 129

■ (ㅊ)

참가의 원칙 91
추락 14
충돌 14

■ (ㅋ)

콤페스 41
콤페스 방법 69
클로즈 분석 56

■ (ㅌ)

터치 앤 콜 95
특별 점검 75
특성 요인도 56
팀 미팅 기법 93

■ (ㅍ)

파렛트도 56
평균강도율 63
프랭크 버드 법칙 21
필연성 중의 우연성 14

■ (ㅎ)

하도급 168
하인리히 16
하인리히 방법 66
하인리히 법칙 20
하자담보책임기간 168
협착 14
화학물질 안전화 110
환산 강도율 63
휴업재해 50

참고문헌

1. 산업안전보건법
2. 산업안전보건법 시행령
3. 산업안전보건법 시행규칙
4. 건설기술진흥법
5. 건설기술진흥법 시행령
6. 시설물의 안전관리에 관한 특별법
7. 시설물의 안전관리에 관한 특별법 시행령
8. 건설안전기사, 한솔아카데미
9. 건설안전산업기사, 도서출판 세화
10. 최신 산업안전관리론, 김병석, 형설출판사
11. 안전보건공단 홈페이지(www.kosha.or.kr)

저자소개

김민환
호남대학교 토목환경공학과 교수

▌산업안전관리▐

1판 1쇄 발행 2018년 8월 20일

저 자 | 김민환
발 행 인 | 서철종
발 행 처 | 도서출판 지우북스
주 소 | 경기도 고양시 일산서구 강성로 147 동문시티프라자 814호
전 화 | 031-915-6670(代)
팩 스 | 031-915-6671
이 메 일 | jwbooks@nate.com
홈페이지 | www.jwbooks.co.kr
출판등록 | 2017년 2월 16일 제 410-2017-000032 호

ISBN 979-11-88673-24-7

정가 15,000원